Hans Rüegg

Entdeckungsreisen ins Land der Zahlen

Herausforderung zum mathematischen Forschen

Band 1

Einfache Aufgaben

(ca. 4. bis 7.Schuljahr)

Erste Ausgabe 2018.
© Hans Rüegg 2018. Alle Rechte vorbehalten.
Umschlagsgestaltung und Illustrationen vom Verfasser, außer wo andere Quelle angegeben.

Das Bild auf Seite 56 ist aufgrund seines Alters "Public Domain" und darf deshalb ohne Urheberrechtsbeschränkung wiedergegeben werden.

Zum Umschlagsbild: Siehe Forschungsaufgabe A15.

ISBN 978-1983511912
Erhältlich bei *amazon.de* und im Blog:
http://christlicherAussteiger.wordpress.com
Informationen über allfällige weitere Bezugsquellen im letztgenannten Blog.

Inhaltsverzeichnis

Zum Hintergrund dieses Buches

Ich lebe mit meiner Familie im peruanischen Hochland, wo meine Frau und ich während manchen Jahren Schülern aller Stufen Nachhilfeunterricht und Aufgabenhilfe gegeben haben. Zugleich haben wir unsere eigenen Kinder zuhause ausgebildet ("Homeschooling"), vom Kleinkindalter bis zur Hochschulreife.

Während diesen Jahren habe ich verschiedene Formen des Mathematiklernens entdeckt, die den Bedürfnissen der Schüler besser entsprechen als die hier üblichen schulischen Methoden, und die auch näher am Kern dessen liegen, was Mathematik wirklich ist. Gegenwärtig beschäftige ich mich u.a. damit, diese Methoden weiter auszuarbeiten und Interessierten hier in Perú zugänglich zu machen.

Das vorliegende Buch behandelt nur einen Teilaspekt dieser Methoden, nämlich das eigene Forschen und Entdecken. Eigentlich müsste dieser Aspekt ergänzt werden durch die folgenden:

Mathematiklernen durch Manipulieren und "Spielen" mit konkreten Materialien. Diesen Aspekt sehe ich im Schulsystem der Schweiz, wo ich herkomme, bereits einigermaßen verwirklicht; hier in Perú ist er jedoch noch weitgehend unbekannt.

Rücksicht auf den individuellen natürlichen Entwicklungsstand des Schülers. Das ist leider an Staatsschulen mit ihrem normierten Stoffplan kaum möglich. Unsere Methoden funktionieren deshalb am besten in Alternativschulen mit flexiblem Lehrplan, und im "Homeschooling".

Mathematiklernen aufgrund von Prinzipien, nicht Prozeduren. Echtes mathematisches Verständnis erwächst nicht aus dem mechanischen Reproduzieren von Operationen, sondern aus dem Fragen nach dem "Warum". Die "Warum"-Frage führt auf grundlegende Prinzipien und Gesetze, welche den Operationen und Prozeduren erst ihren Sinn geben. Ein Schüler, der diese grundlegenden Prinzipien versteht, wird nicht nur die Prozeduren besser verstehen; er wird auch seine eigenen Prozeduren und Lösungswege erfinden können.

Die Aufgaben in diesem Buch sind ein Teil des Bemühens, eine Umgebung zu schaffen, wo Mathematiklernen im oben beschriebenen Sinn möglich wird. Gerne möchte ich diese Aufgaben auch deutschsprachigen Lesern zugänglich machen, seien es Familien, Lehrer, oder interessierte Schüler.

Hans Rüegg, im Januar 2018

Ich danke allen, die dieses Buch möglich gemacht haben; insbesondere:

meinen Kindern und Schülern, die als "Versuchskaninchen" manche dieser Aufgaben gelöst haben,

meiner Frau für ihre Geduld und Ermutigung während den Zeiten intensiver Arbeit an diesem Buch,

Ulrich Studler für die Begutachtung des Entwurfs,

und nicht zuletzt meinem Gott und Schöpfer für seine faszinierende Erfindung der Mathematik, und für die Kreativität und Intelligenz, die er uns Menschen gegeben hat, um die Mathematik zu erforschen.

Sprachlicher Hinweis:

Ich habe die deutsche Sprache zu einer Zeit erlernt, als es noch als selbstverständlich galt, Gruppen von männlichen und weiblichen Wesen unter einem männlichen Plural zusammenzufassen. Ich habe diese Gewohnheit beibehalten, um Verrenkungen zu vermeiden wie: "Ein(e) gute(r) Lehrer(in) ist der(die) Freund(in) seiner(ihrer) Schüler(innen)." Damit sich niemand ausgeschlossen fühle, möchte ich deshalb von Anfang an klarstellen, dass in diesem Buch Plurale wie "Lehrer", "Schüler", "Kinder", usw, selbstverständlich auch Frauen bzw. Mädchen einschließen; so wie der weibliche Plural "Personen" selbstverständlich auch Männer bzw. Jungen einschließt. Ebenso sind Frauen bzw. Mädchen selbstverständlich mit eingeschlossen, wo Begriffe wie "der Lehrer" oder "der Schüler" in einem verallgemeinernden Sinn verwendet werden. Betrachten Sie diese Begriffe also bitte als "Variabeln", für die jede Art von "Größen" (bzw. Personen) eingesetzt werden kann. Die Mathematik macht keine Geschlechtsunterschiede; sie ist Frauen und Männern gleichermaßen zugänglich. Ja, wir werden in diesem Buch sogar vorwiegend "weiblichen Wesen" begegnen, nämlich *Zahlen*.

Einführung für Eltern und Lehrer

(Schüler dürfen selbstverständlich auch mitlesen.)

Warum dieses Buch?

Dieses Buch möchte Schüler (und Erwachsene) zu der Entdeckung hinführen, dass Mathematik etwas ist, was man *selber tun* kann. Sogar ohne Anleitung oder Hilfe eines Lehrers, wenn man einmal herausgefunden hat, wie es geht. Denn Mathematik ist kein exklusives Eigentum von Berufsmathematikern oder Lehrern, und sie hängt auch nicht davon ab, ob man alles genauso macht, wie es der Lehrer vorschreibt. Mathematik ist ein Allgemeingut, das von allen entdeckt werden kann, die logisch denken können. Und mathematische Prinzipien sind nicht willkürliche Anordnungen eines Expertengremiums oder einer Behörde. Im Gegenteil: Schon ein Kind kann selber mathematische Prinzipien entdecken und anwenden – aber auch der größte Mathematiker und die mächtigste Schulbehörde muss ihnen gehorchen.

Dieses Buch möchte Schüler, Eltern und Lehrer dazu "ermächtigen", *selber* Mathematik zu treiben und zu entdecken. Das eigene Forschen und Entdecken ist der wichtigste Zugangsweg überhaupt zur Mathematik. Der amerikanische Mathematiker und Schulkritiker Paul Lockhart sagt:

"Die Kunst des Mathematikers besteht darin, einfache und elegante Fragen zu stellen über unsere imaginären Geschöpfe, und befriedigende und schöne Erklärungen zu finden. Dieser Bereich der reinen Ideen ist faszinierend, macht Spaß und kostet nichts! (...) Wenn wir den kreativen Prozess weglassen und nur dessen Ergebnis übriglassen, dann wird niemand innerlich daran beteiligt sein. Es ist wie wenn man mir *sagt*, Michelangelo hätte eine schöne Skulptur geschaffen, mich aber die Skulptur selber nicht *sehen* lässt. Wie soll ich davon inspiriert werden?"
(Paul Lockhart, in "A Mathematician's Lament")

Dieses Buch ist also kein "Lehrbuch", sondern – wie der Titel sagt – ein "Entdeckerbuch". Es enthält Sammlungen von Forschungsaufgaben, die zum selbständigen Entdecken anregen; sowie einige längere historische "Entdeckungsreisen", welche den Weg zu wichtigen mathematischen Entdeckungen der Vergangenheit nachzeichnen und damit helfen wollen, diese Entdeckungen selber nachzuvollziehen (z.B. das Dezimalsystem oder die Logarithmen). Die einfachsten dieser Aufgaben (in diesem Band) können schon von Neun- oder Zehnjährigen gelöst werden, während die schwierigsten (in Band 3) ein gut entwickeltes Denkvermögen und fortgeschrittene mathematische Kenntnisse erfordern. Aber das Grundprinzip ist auf jeder Schwierigkeitsstufe dasselbe: Beobachte, forsche und entdecke selber!

Hören wir nochmals Lockhart:

"Das größte Problem mit der Schulmathematik ist, dass es in ihr keine *Probleme* mehr gibt. – Ich weiß, diese faden "Übungen" werden als Probleme ausgegeben: "Dies ist ein Beispiel für ein Problem. Hier steht, wie man es löst. Ja, das kommt an der Prüfung. Löst die Übungen 1 bis 35 als Hausaufgabe." (...) Aber ein echtes Problem, eine echte, ehrliche, natürliche, menschliche Frage – das ist etwas anderes. Wie lang ist die Diagonale eines Würfels? Hören die Primzahlen nie auf? Ist Unendlich eine Zahl? Auf wieviele Arten kann ich eine Fläche symmetrisch mit Fliesen belegen? – Die Geschichte der Mathematik ist die Geschichte der menschlichen Beschäftigung mit Fragen wie diesen. (...) Ein gutes Problem besteht darin, dass du *nicht weißt*, wie man es lösen kann. Das macht es zu einer guten Gelegenheit; zu einem Sprungbrett zu *weiteren* interessanten Fragen: Ein Dreieck füllt die Hälfte einer Schachtel aus. Wie steht es nun mit einer Pyramide in einer dreidimensionalen Schachtel? Können wir dieses Problem auf ähnliche Weise lösen?"
(Paul Lockhart, a.a.O.)

Das ist der Sinn und Geist der vorliegenden Aufgaben. Dem Schüler wird zunächst kein "Rezept" in die Hand gegeben, wie er zur Lösung einer bestimmten Aufgabe kommt: er muss es selber herausfinden. Das einzige, was er dazu benötigt, sind die ihm bereits bekannten mathematischen Gesetzmäßigkeiten. Im Rahmen dieser Gesetzmäßigkeiten ist Probieren, Erfinden, Zeichnen, Konstruieren jeglicher Art erlaubt. Und die Lösung wird selten auf mechanische, vorgeschriebene Art und Weise gefunden werden, sondern eher durch eine "Inspiration", eine zündende Idee, die plötzlich allem Sinn gibt. Für den Fall, dass trotz längerem Probieren keine solche Idee in Sichtweite kommt, enthält ein zweiter Teil "zusätzliche Hinweise" zu den meisten Forschungsaufgaben, die mögliche Lösungswege vorschlagen.

Manche dieser Aufgaben stammen aus meiner Praxis mit Nachhilfeschülern, und mit meinen eigenen Kindern. Am Ende dieser Einführung werde ich einige Beispiele aus der Praxis erwähnen.

Wie man aus diesem Buch den größten Nutzen zieht - oder: Kleine Didaktik des mathematischen Forschens

Nimm dir Zeit!

Mathematische Entdeckungen brauchen in erster Linie *Zeit.* Große Mathematiker brüten oft wochen- oder sogar jahrelang über bestimmten Problemstellungen, probieren immer wieder neue und andersartige Lösungswege aus, und haben dann manchmal im unerwartetsten Moment eine Inspiration, die sie zur Lösung führt. So wie Archimedes, der herausfinden sollte, ob die Krone des Königs Hieron tatsächlich aus reinem Gold war – aber ohne die Krone zu beschädigen. Die Lösung des Problems – das Gesetz des Auftriebs – kam plötzlich über ihn, als er in der Badewanne saß; und die Geschichte erzählt, er sei daraufhin von Freude überwältigt splitternackt auf die Straße gelaufen und habe gerufen: "Heureka! Heureka!" ("Ich hab's gefunden!")

Mathematische Entdeckungen haben also nur wenig gemeinsam mit routinemäßigem Wiederholen und mechanischem Anwenden von Formeln und Operationen. Mathematische Entdeckungen sind vielmehr mit kreativen Kunstwerken zu vergleichen. Solche kommen selten unter Zeitdruck und Hetze zustande.

Eine wichtige Voraussetzung ist deshalb, dass die Schüler *Zeit und Muße* haben, sich ohne Druck einer bestimmten Forschungsaufgabe zu widmen, so lange ihr Interesse anhält und so lange sie in der Lage sind, neue Dinge aus dem gestellten Themenkreis zu entdecken. Wussten Sie, dass das Wort "Schule" vom griechischen "scholé" kommt, was "Muße" bedeutet?

Keith Devlin, Mathematikprofessor an der Universität Stanford, sagt:

"Wir Berufsmathematiker verzweifeln über den Schulsystemen, welche das Lösen von Mathematikprüfungen innerhalb einer äußerst knapp bemessenen Zeit verlangen, und zu schnellem Arbeiten antreiben. **Echte Mathematik braucht Zeit.**"

Schüler und Lehrer an normierten und starkem Lehrplandruck unterworfenen Schulen werden deshalb eine bewusste Anstrengung unternehmen müssen, um einen Freiraum zu der Muße zu schaffen, die zum mathematischen Forschen nötig ist. Z.B. im Rahmen einer Projektwoche zu einer Jahreszeit, wo nicht gerade größere Prüfungen anstehen. – Für die höheren Stufen gibt es jedoch Aufgaben und Themen in dieser Buchreihe, die auch in einer Intensivwoche nicht voll ausgeschöpft werden können.

Schüler, die in einer freiheitlicheren Umgebung ausgebildet werden – z.b. an einer alternativen Schule mit flexiblem Lehrplan, oder zuhause nach einer nicht allzu verschulten "Homeschooling"-Methode –, haben deshalb bessere Voraussetzungen, aus diesem Buch den größtmöglichen Gewinn zu ziehen.

Mathematikbegeisterte Schüler werden natürlich auch in ihren Ferien gerne an diesen Aufgaben arbeiten – sofern nicht auch diese Ferien ausgefüllt sind von vorgegebenen Hausaufgaben, Prüfungsvorbereitungen oder Nachholstunden.

Die Freiheit, dem eigenen Entwicklungsstand und Interesse gemäß zu arbeiten

Eine weitere wichtige Voraussetzung ist, dass die Schüler an Aufgaben arbeiten, die ihrem Verständnis und ihrem Interesse entsprechen. Das bedeutet, dass der Schüler zumindest die Wahlfreiheit haben soll, aus einer Serie von Aufgaben jene auszuwählen, die ihm zusagen.

Was das *Verständnis* des Schülers betrifft, so ist dieses in vielen Fällen viel weniger weit entwickelt, als der Lehrplan vorschreibt. Ich habe tagtäglich mit Schülern zu tun, die mechanisch ihre Mathe-Aufgaben lösen, aber nicht in der Lage sind zu erklären, was sie dabei eigentlich tun. Es schadet also nichts, wenn z.b. Elf- und Zwölfjährige, die bereits mit mehrstelligen Zahlen multiplizieren und dividieren, nochmals die Eigenschaften des schlichten Einmaleins erarbeiten (Kapitel C, "Erforsche die Multiplikation"), und dabei möglicherweise mathematische Gesetze für sich neu entdecken, die sie zwar im Schulunterricht theoretisch "gelernt", aber nie wirklich *verstanden* haben (z.b. Distributivgesetz, Teilbarkeitsregeln, usw.)

Andererseits ist es natürlich vorteilhaft, wenn der Schüler die mathematischen Gesetzmäßigkeiten, die bei einer Aufgabe als Ergebnis herauskommen, nicht schon vorher als Schulstoff "durchgenommen" hat.

So werden die Ergebnisse tatsächlich seine eigene Entdeckung sein. Solches Wissen, das man selber erforscht und entdeckt hat, ist viel tiefer und dauerhafter als Kenntnisse, die einem schon fertig erarbeitet serviert wurden. Was der Schüler selber erforscht hat, wird er nachher auch nicht mehr als "schwierig" empfinden.

Wer eine Menge Formeln und mathematischer Gesetze aus der Algebra und Zahlentheorie im Kopf hat, wird manche der einfacheren Aufgaben in kürzester Zeit lösen können. Der Reiz der Forschungsarbeiten besteht aber gerade darin, dass man diese Gesetze anhand der vorliegenden Denkaufgaben selber entdeckt, *bevor* einem ein Lehrer den Spaß verdirbt, indem er einem die entsprechenden mathematischen Beziehungen zum voraus beibringt.

Der beste Indikator für den tatsächlichen Entwicklungsstand eines Kindes besteht darin, was für Aufgaben dieses Kind auswählt, wenn es die Freiheit hat, zwischen Aufgaben unterschiedlicher Schwierigkeitsgrade zu wählen. Eltern und Lehrer denken in dieser Situation manchmal, ihr Kind bzw. Schüler wähle "zu einfache" Aufgaben aus, und wollen es drängen, schwierigere zu wählen. Aber wenn die Aufgabe wirklich zu leicht wäre für das Kind, dann würde es sie als langweilig empfinden, und würde eine andere wählen.

Wenn man den Kindern diese Freiheit gibt, erkennt man auch, wie riesig die Unterschiede zwischen den einzelnen Kindern sind:

"Die zwölfjährige Medford-Untersuchung über Wachstum und Entwicklung des Kindes, durchgeführt von der Universität Oregon (1957-1969), zeigte, dass unter "Siebtklässlern" eine physiologische Bandbreite von sechs Jahren besteht: Einige Kinder, die chronologisch zwölf Jahre alt sind, sind physiologisch erst neun- oder zehnjährig, während andere sich auf der Stufe von 14- oder 15jährigen befinden. (...) Die *akademische* Bandbreite unter den Zwölfjährigen entspricht zehn Schuljahren: von Leistungen, die der dritten Klasse entsprechen, bis zu solchen, die der dreizehnten Klasse entsprechen, gemäß traditionellen staatlichen Prüfungen. Ein Kind kann nicht einfach *(aufgrund seines Alters)* als "Siebtklässler" klassifiziert werden; dennoch besteht diese Klassifizierung weiterhin, als wäre sie ein Dekret der Götter."
(Don Glines, "100 Years War Against Learning")

Ich ordne deshalb die hier gestellten Aufgaben und Themen nicht einem bestimmten Alter oder Schuljahr zu. Auch die grobe Einteilung in drei

Bände nach "einfachen", "mittelschweren" und "schwierigen" Aufgaben soll nur als ungefährer Anhaltspunkt verstanden werden. Eine etwas genauere "Orientierungsmarke" sind die Angaben zu den erforderlichen Vorkenntnissen, die einigen Aufgaben und Themen beigefügt sind. Aber selbst da muss mit der Möglichkeit gerechnet werden, dass ein kreativer und intelligenter Schüler einen Lösungsweg findet, der ohne die genannten Vorkenntnisse auskommt. Oder andererseits, dass ein Schüler, der die Vorkenntnisse nur mechanisch "gelernt" hat, nicht in der Lage ist, diese in einer ihm neuen Problemstellung sinnvoll anzuwenden. Lassen wir doch einfach jeden Schüler selber sein Maß finden.

Der vorliegende Band 1 enthält "einfache" Aufgaben: Sie erfordern noch kein besonders komplexes oder abstraktes Denken; sie können mit den vier Grundoperationen gelöst werden; und darüber hinausgehende Konzepte wie z.b. Quadratzahlen, Primzahlen, usw, werden in diesen Aufgaben eben erst eingeführt.

Was ist mathematisches Denken?

Mathematisch zu denken bedeutet nicht einfach, mathematische Operationen auszuführen. Letzteres kann ein Taschenrechner oder Computer auch, aber das hat nichts mit mathematischem Denken zu tun. Um den Vergleich weiterzuziehen: Ein Schüler, der "rechnen" gelernt hat, hat gelernt, wie ein Computer zu "funktionieren". Aber eine mathe-matisch denkende Person interessiert sich dafür, wie man den Computer *programmiert*. So verstanden, ist Mathematik ein entdeckerischer und kreativer Prozess.

Mathematisches Denken ist hauptsächlich das Erkennen von Prinzipien, Mustern und Strukturen, und das logische Anwenden und kreative Umformen dieser Prinzipien, Muster und Strukturen. Das ist nicht etwa nur für Spezialisten und Berufsmathematiker. Viele Spiele, die schon von Kindern gespielt werden, erfordern solches mathematisches Denken: Mühle, Dame, Yatzy, "Vier gewinnt", Patiencen, und viele weitere. Auch für manche Handarbeiten ist mathematisches Denken nötig: Schreiner-arbeiten, Modellbau, graphisches Gestalten, Stricken, Weben, u.a.

Schon diese Alltagsbeschäftigungen liefern eine Menge Themen für mathematisches Forschen. Und oft gelangt man dabei von den einfachen Dingen unversehens zu sehr komplizierten Fragestellungen. Z.B. können schon Kinder das Würfelspiel "Yatzy" spielen und dabei Überlegungen anstellen, wie sie ihre jeweiligen Würfe am besten verwenden. Um aber eine optimale Gewinnstrategie für dieses Spiel zu entwickeln, sind recht fortgeschrittene Kenntnisse der Kombinatorik und Wahrscheinlichkeitsrechnung erforderlich.

Mathematisches Denken beginnt oft mit einem *kreativen Prozess* des "Erfindens" oder *Definierens* von neuen mathematischen Objekten. Auch wo die mathematischen Objekte bereits vorgegeben sind (wie bei den Aufgaben in diesem Buch), empfiehlt es sich, zuerst damit zu *experimentieren* oder zu "spielen", und eigene Beispiele zu sammeln.

Ein nächster Schritt ist das *Beobachten*. Wie verhalten sich die Zahlen oder die geometrischen Figuren, wenn ich dieses oder jenes mit ihnen anstelle? Z.B. lernt jedes Kind irgendwann einmal die Neunerreihe auswendig. Aber wie viele Kinder haben schon einmal die Neunerreihe wirklich *beobachtet*? Da kann man interessante Dinge sehen: Die Einer nehmen regelmäßig um eins ab (9, 8, 7, 6, ...). Die Zehner dagegen nehmen regelmäßig um eins zu (1, 2, 3, ...) – folgerichtig beginnend mit der Null, wenn wir 9 als 09 schreiben. – Beim noch genaueren Hinsehen kann man außerdem entdecken, dass die Quersumme jeder Neunerzahl 9 beträgt.

Interessant sind diese Beobachtungen, wenn man sie aus eigener Neugier selber macht. Die Aufgaben in diesem Buch möchten zu solcher Neugier hinführen.

Nützlich für weitere Entdeckungen werden die Beobachtungen, wenn wir sie *ordnen, systematisieren,* und von daher eigene *Vermutungen aufstellen* (z.b. inwieweit die gemachten Beobachtungen *verallgemeinert* werden können). Das Ziel ist dann, diese Vermutungen zu *beweisen* oder gegebenenfalls zu *widerlegen*.

Ein wichtiger Schritt dazu ist normalerweise die *Warum-Frage*: Warum nehmen die Einer bei den Neunerzahlen so regelmäßig ab? Warum ist die Quersumme immer 9? – Und die Frage nach den *Gesetzmäßigkeiten* und Prinzipien: Geht es immer so weiter? Und wie lautet das "Gesetz", wenn wir die Neunerreihe auf drei- und vierstellige Zahlen ausdehnen? Kann man beweisen, dass das wirklich ein "Gesetz" ist, d.h. dass es *immer* gilt? – Diese Fragestellungen *erweitern* zugleich das ursprüngliche Thema. So kann eine mathematische Forschungsreise beginnen, die uns u.a. zur "Neunerregel" und zur "Neunerprobe" führt, zu den Eigenschaften des Dezimalsystems, und wer weiß, vielleicht zu allgemeinen Teilbarkeitsregeln oder zu den Grundlagen der modularen Arithmetik und den Prinzipien der modularen Kongruenz.

Die meisten Forschungsaufgaben in diesem Buch bestehen einfach aus Sammlungen von Fragen wie den obigen. Diese sollen den Schüler zur Entdeckung gewisser mathematischer "Muster" und Gesetzmäßigkeiten führen. Eine mathematische Forschung sollte aber nicht auf die hier vorgegebenen Fragen beschränkt bleiben. Wünschenswert wäre, dass die Schüler dadurch angeregt werden, selber weitere Fragen zu stellen und nach den Antworten zu suchen.

Wie die Aufgaben in diesem Buch angewandt werden können

Die empfohlene Vorgehensweise besteht darin, den Schülern eine Serie von Forschungsaufgaben vorzulegen, die ungefähr ihrem Stand entsprechen, und sie individuell daraus je eine Aufgabe auswählen zu lassen. Der Schüler soll dann genügend Zeit haben, über die Aufgabe nachzudenken, Beispiele zu rechnen, Beobachtungen zu machen und Schlüsse zu ziehen – zunächst noch ohne die "Zusätzlichen Hinweise" nachzuschlagen. Zu unkonventionellen Gedanken und Vorgehensweisen soll dabei ausdrücklich ermutigt werden, solange diese nicht die Gesetze der Mathematik verletzen.

Gerade Kinder kommen oft auf ungewöhnliche Ideen, die nicht den Standard-Prozeduren entsprechen, aber dennoch richtig sind. Z.B. sollte ein Schüler einmal 6 x 14 rechnen, bevor er irgendeine Prozedur zum Multiplizieren mehrstelliger Zahlen gelernt hatte. Er kam auf folgende Lösung: "6 x 10 = 60, die Hälfte davon ist 30, das gibt zusammen 90, ich zähle 6 davon weg, das gibt 84." – Obwohl er nicht exakt in Worte fassen konnte, was er sich dabei genau überlegt hatte, so war doch sein Vorgehen mathematisch völlig richtig.

Nicht damit verwechselt werden sollte jedoch der Fall, wenn ein Schüler trotz falscher Vorgehensweise zu einem richtigen Resultat kommt. Z.B. weil er zwei Fehler begangen hat, die sich gegenseitig aufheben; oder weil er gerade einen glücklichen Spezialfall erwischt hat. In diesem Fall sollte der Schüler unbedingt auf seinen Denkfehler hingewiesen werden. Oft kann man dazu ein Gegenbeispiel finden, wo dasselbe Vorgehen (z.B. mit anderen Zahlen) zu einem offensichtlich falschen Resultat führt.

Stößt der Schüler beim Forschen an seine Grenzen, dann ist der Moment gekommen, ihm die "Zusätzlichen Hinweise" zu seiner Aufgabe zu geben. Mit deren Hilfe sollte er eine Zeitlang weiter forschen können und zu weiteren Ergebnissen kommen.

Manchmal wird ein Lehrer entscheiden, seinen Schülern eine ganz bestimmte Forschungsaufgabe vorzulegen, die zur Einführung eines bestimmten Themas dient, das er in der Folge behandeln möchte. Das ist zwar nicht ideal, weil Kinder einer Schulklasse nie alle auf demselben Kenntnis- und Entwicklungsstand sind. Ein und dieselbe Aufgabe wird deshalb für die einen Schüler zu schwierig und für andere zu leicht sein. Aber an einer Schule mit normiertem Lehrplan wird sich ein solches Vorgehen kaum vermeiden lassen. In einer flexibleren Umgebung wird man dagegen jedem Schüler diese bestimmte Aufgabe dann geben, wenn er den dafür erforderlichen Entwicklungsstand erreicht hat.

Es ist natürlich aus Zeitgründen nicht möglich, dass ein Schüler sich die ganze Mathematik anhand von Forschungsaufgaben erarbeitet. Es soll deshalb auch nicht erwartet werden, dass ein einzelner Schüler *alle* Aufgaben in diesem Buch löst. Viele mathematische Themen werden weiterhin im "Schnellverfahren" eingeführt werden müssen. Aber das Erarbeiten von Forschungsaufgaben gewöhnt den Schüler grundsätzlich an mathematisches Denken und Schlussfolgern, und an das Aufstellen von eigenen Fragestellungen. Damit erwirbt er sich ein grundlegendes Rüstzeug, um mathematische Konzepte jedweder Art besser zu verstehen.

Ermutigung ist wichtiger als Leistungsdruck

Die Arbeit an den Forschungsaufgaben sollte nicht dadurch eingeengt werden, dass ein sehr begrenzter Zeitrahmen dafür zur Verfügung gestellt wird, oder dass als Ergebnis ganz bestimmte vorgegebene Resultate erwartet werden. Manche Aufgaben in diesem Buch sind ziemlich offen formuliert und eröffnen damit ein weites Feld von Möglichkeiten. Jeder Schüler sollte ermutigt werden, so weit in dieses Feld vorzudringen, wie es seine Fähigkeiten und Vorkenntnisse erlauben. Auch wenn er vielleicht nur wenige Entdeckungen macht, sind diese wertvoll und sollten wertgeschätzt werden, *weil er sie selber gemacht hat.* Ermutigen wir die Schüler, ihre eigenen Fähigkeiten auszuschöpfen und dafür dankbar zu sein. Ein *Forschungsthema* "vollständig" auszuschöpfen, wird jedoch in manchen Fällen niemandem möglich sein und sollte deshalb auch nicht verlangt werden.

Z.B. Quadratzahlen: Es ist relativ einfach, die Regelmäßigkeit in ihren Endziffern zu sehen; oder ein Gesetz zu entdecken, wie man von einer Quadratzahl zur nächsten kommen kann. Aber wer kennt das Gesetz der quadratischen Reziprozität, das von Gauß Ende des 18.Jahrhunderts entdeckt wurde? (Es handelt sich um eine ziemlich überraschende Eigenschaft der Reste, die sich ergeben, wenn Quadratzahlen durch bestimmte Zahlen geteilt werden.) Und wahrscheinlich gibt es weitere Eigenschaften von Quadratzahlen, die immer noch auf ihre Entdeckung warten.

Mathematisches Forschen bedeutet auch, Frustration zu erleben, Ausdauer zu üben, und immer wieder neue Wege auszuprobieren, wenn die bisherigen nicht zum Ziel führen. Auf diesem Weg brauchen die Schüler in erster Linie Ermutigung.

Fehler zu machen ist keine Katastrophe. Berufsmathematiker machen oft Fehler – und dann entdecken sie sie, korrigieren sie, und lernen dabei etwas Neues. Fehler zu machen und sie zu verbessern ist kein Versagen, sondern ein normaler Bestandteil des Lernprozesses. Insbesondere, wenn man Neuland erforscht.

Was als Resultat der Forschungsaufgaben erwartet werden darf

Im Gegensatz zu herkömmlichen Schulbuch- und Denkaufgaben fragen manche der hier vorgestellten Aufgaben nicht einfach nach einer Zahl oder einem ausgefüllten Muster. Sie fragen nach Prinzipien, Strukturen und Gesetzmäßigkeiten. Sie fragen selten "Wieviel ist es?", sondern vielmehr: "Wie funktioniert es?", und "Warum funktioniert es so?".

Das bedeutet, dass es für manche dieser Aufgaben nicht einfach "eine Lösung" gibt, und auch nicht einfach eine "Lösung 1", eine "Lösung 2" und eine "Lösung 3". Wenn es auch in den meisten Fällen einen bestimmten mathematischen Sachverhalt gibt, der die Aufgabe erklärt und damit "löst", so gibt es doch die verschiedensten Weisen, diesen Sachverhalt zu *finden* und ihn zu *erklären*. Das ist das wichtigste Resultat einer mathematischen Forschungsaufgabe: wenn ein Schüler nicht nur erklären kann, "wie es funktioniert", sondern auch *warum* es funktioniert, und *wie man darauf kommen kann*. – Wie Paul Lockhart sagte: "Mathematik ist die Kunst des Erklärens."

Auf der Stufe der "einfachen" Aufgaben wird diese Erklärung normalerweise mündlich von Person zu Person erfolgen: Der Schüler hat seine

Beispiele gerechnet, hat sie beobachtet, ist zu gewissen Schluss-folgerungen gekommen, und dann frage ich ihn: "Was hast du hier gemacht?" – "Warum hast du es so gemacht?" – "Was hast du hier beobachtet?" – "Warum denkst du, dass das so ist?" – "Was hast du sonst noch herausgefunden?", usw. Wenn der Schüler auf solche Fragen eine logisch richtige und einigermaßen verständliche Antwort geben kann, dann genügt das.

Zum Beispiel (wenn wir wieder das Beispiel der Neunerreihe nehmen): "Warum denkst du, dass die Einer immer eins weniger werden?" – "Wenn es immer zehn mehr wäre, dann wären sie gleich. Aber es ist immer neun mehr." – "Und wenn wir mit der Neunerreihe nach 90 noch weiterfahren würden, ginge es dann so weiter?" – "Dann fängt es wieder von vorne an." – Solche Erklärungen sind nicht ganz "mathematisch exakt" oder "vollständig zu Ende gedacht"; aber sie zeigen, dass der Schüler sich etwas überlegt hat und auf die richtigen mathematischen Gesetzmäßig-keiten gestoßen ist. Das ist auf der Primarstufe (bis 6.Schuljahr) genug.

Ungenügend wäre es jedoch, wenn der Schüler auf die Frage, warum die Quersumme immer 9 sei, antwortete: "Weil es doch die Neunerreihe ist." Eine solche Antwort beruht auf einer falschen Verallgemeinerung und zeigt, dass der Schüler nicht genügend nachgedacht hat, wie ich ihm sofort an einem Gegenbeispiel zeigen kann: Bei der Achterreihe ist die Quersumme normalerweise *nicht* 8.

Einige Aufgaben enthalten geschlossene Fragestellungen, d.h. sie fragen nach einer spezifischen Lösung im Stil herkömmlicher Denkaufgaben. Aber auch in diesen Fällen sollte verlangt werden, dass der Schüler nicht einfach eine Lösung vorlegt, sondern auch erklären kann, auf welchem Weg er auf seine Lösung gekommen ist.

- Es werden mit voller Absicht keine Lösungen zu den Forschungs-aufgaben geboten. Eine Forschungsaufgabe, deren Lösung man einfach nachschlagen könnte, wäre nicht mehr interessant! Außerdem ist ja gerade das Interessante an den meisten dieser Aufgaben, dass jeder Schüler einen individuellen Lösungsweg finden kann, und dass die "Lösungen" auf ganz unterschiedliche Arten formuliert werden können. In einem zweiten Teil sind jedoch "Zusätzliche Hinweise" zu den meisten Aufgaben zu finden. Diese Hinweise führen den Schüler ziemlich nahe an eine Lösung heran und schlagen einen oder mehrere Lösungswege vor. Außerdem kann man in den "Zusätzlichen Hinweisen" auch zusätzliche Forschungsvorschläge finden, die ein Thema erweitern.

Schüler (und evtl. auch Eltern und Lehrer) mögen ab und zu versucht sein, nach relativ kurzer Beschäftigung mit einem Problem diese Hinweise nachzulesen. Ich möchte hierzu einen guten Rat zitieren, den ich im Diskussionsforum eines Internetkurses fand. Es handelt sich um die Antwort an eine Teilnehmerin, die sich entmutigt fühlte, weil sie die Antwort auf einige Probleme nicht finden konnte und sagte, sie hätte die größte Lust, den Bleistift zum Fenster hinauszuwerfen und aufzugeben. Sie erhielt folgenden Rat:

"An deiner Stelle würde ich den Bleistift zum Fenster hinauswerfen, nachdem ich während, sagen wir, einer Stunde an einem Problem gearbeitet hätte (oder länger, wenn du den Drang dazu verspürst). Aber am nächsten Tag würde ich nach draußen gehen, den Bleistift aufheben und es nochmals versuchen. Das würde ich während mindestens drei Tagen so machen. Bis dann wird dich das Problem völlig in Beschlag genommen haben. Du konzentrierst dich zwar nur während einer Stunde täglich darauf, aber du wirst dann ständig daran denken: auf der Straße, vor dem Einschlafen, ... An einem gewissen Punkt wirst du dann entweder die Lösung finden, oder du wirst feststellen, dass du es wirklich nicht herausfinden kannst. Wenn letzteres der Fall ist, dann wirst du das wissen. Und an diesem Punkt wird es für dich etwas Gutes und nicht etwas Schädliches sein, die Lösung nachzuschlagen. Du wirst dann so viel Zeit damit verbracht haben, über das Problem nachzudenken, dass die Lösung für dich sehr bedeutungsvoll sein wird und du sie nie wieder vergessen wirst."

(Paul Reiners, Mitarbeiter am Kurs "Introduction to Mathematical Thinking" von Keith Devlin.)

Arten von Aufgaben, die in diesem Buch vorkommen:

Offene Forschungsaufgaben. Das sind Aufgaben im Sinn der obigen Beschreibungen: sie eröffnen Zugänge zu einem Forschungsfeld, in welchem verschiedene Entdeckungen auf verschiedene Weise gemacht werden können.

Geschlossene Denkaufgaben. Das sind Aufgaben, die als Antwort ein bestimmtes Ergebnis oder Muster verlangen. Oft ist dazu aber ebenfalls ein Erforschen neuer, bisher unbekannter Sachverhalte notwendig. In Wirklichkeit kann nicht exakt zwischen "offenen" und "geschlossenen" Forschungsaufgaben unterschieden werden. Ich habe deshalb darauf verzichtet, sie ausdrücklich nach diesem Kriterium zu klassifizieren.

Aufgaben zur Entdeckung bestimmter mathematischer Gesetze. (z.B. Kapitel E.) Diese Aufgaben entsprechen am ehesten den in der Schule üblichen. Sie führen zu ganz bestimmten Gesetzen oder Methoden hin (z.B. Distributivgesetz; Stellenwert bei Operationen mit Dezimalen ...), aber auf eine Art, die vom Schüler verlangt, seine eigenen Beobachtungen zu machen und daraus Schlussfolgerungen zu ziehen.

Diese Aufgaben, sowie die "Entdeckungsreisen" (s.u.), führen in der Regel auf wichtige mathematische Eigenschaften und Prinzipien, auf denen viele in der Schule behandelte Themen und Aufgaben aufbauen. Bei den Forschungsaufgaben dagegen ist vor allem das Üben und Erleben des *Denkprozesses* wichtig, während die Ergebnisse an sich (mit Ausnahmen) eher Nebenthemen berühren.

Mathematische Entdeckungsreisen. Diese Kapitel enthalten viel Information, sowohl mathematische wie auch historische. Es geht dabei darum, ein bestimmtes Gebiet der Mathematik vertieft kennenzulernen und wenn möglich den Weg nachzuzeichnen, wie es von Mathematikern der Vergangenheit entdeckt und erforscht wurde. Die Forschungsaufgaben sind in diesen Zusammenhang eingebettet und fordern die Schüler heraus, Teile der Geschichte selber zu entdecken.

Praktische Beispiele

Probleme in der Art der "sehr leichten" Forschungsaufgaben lege ich selten den Schülern formell als "Aufgabe" vor. Viel eher fordere ich sie heraus, solche Dinge herauszufinden, während sie an einem verwandten Problem arbeiten.

Da übt z.B. ein Schüler das schriftliche Zuzählen. Er seufzt vor allem über die vielen Achter und Neunen, die er addieren muss, denn die geben ihm am meisten Arbeit. Vor allem wenn er – wie manche Schüler sogar noch in der fünften Klasse – die Summen immer noch an den Fingern abzählen muss. So frage ich ihn:

"Dann wären also die schwierigsten Zuzählaufgaben jene, bei denen man lauter Neunen dazuzählen muss?"

"Mhm."

"Das meinst du nur, weil du noch nicht herausgefunden hast, wie es geht. Sobald du den Trick kennst, wirst du das ganz leicht finden."

"Was für einen Trick?" (Gut! Die Neugier beginnt zu erwachen.)

"Du kannst ihn selber herausfinden. Schreibe irgendeine Zahl auf und zähle eine Zahl mit lauter Neunen dazu."

"Was für eine Zahl?"

"Irgendeine."

(Die meisten Schüler hierzulande sind nicht in der Lage, "irgendeine" Zahl aufzuschreiben. Ebensowenig wie sie in der Lage sind, "irgendetwas" zu zeichnen. Sie verlangen nach einer Vorgabe, die sie kopieren können. "Irgendeine" Zahl zu schreiben ist noch keine überwältigende kreative Leistung; aber selbst dieser winzige Beweis von Kreativität erfordert vom Schüler das Überspringen einer Mauer von Hemmungen und Vorurteilen. Ich werte es deshalb bereits als einen pädagogischen Erfolg, wenn ein Schüler es fertigbringt, "irgendeine" Zahl zu schreiben oder "irgendetwas" zu zeichnen.)

"Gut – schreibe eine Zahl mit vier Ziffern."

(Ich lasse den Schüler einige Beispiele rechnen und die Ergebnisse beobachten. Wenn er nach dem dritten oder vierten Beispiel noch nichts Besonderes entdeckt hat, versuche ich ihn auf die Spur zu führen):

"Vergleiche einmal das Ergebnis hier mit der oberen Zahl, Ziffer für Ziffer."

– Meistens kommt dann nach einiger Zeit das Aha-Erlebnis: "Das ist ja dasselbe!"

"Ja, fast. Schau noch etwas genauer hin."

"Die letzte Ziffer ist nicht gleich. – Sicher habe ich falsch gerechnet."

"Dann prüfe deine Rechnung nochmals nach."
– So kommt der Schüler schrittweise auf den "Trick", wie man auf einfachste Weise eine Zahl mit lauter Neunen zu einer anderen Zahl addieren kann. (Der genaue Weg, wie die Schüler zu der Erkenntnis kommen, ist natürlich bei jedem Schüler wieder individuell anders.) Bei etwas fortgeschritteneren Schülern kommt dann noch die Frage dazu, *warum* dieser "Trick" funktioniert.

Das wäre also eine "informelle" Art und Weise, die Forschungsaufgabe Nr. A3 einzuführen.

Älteren Schülern (ca. ab 7.Schuljahr) gebe ich manchmal eine Auswahl solcher Aufgaben schriftlich (jede Aufgabe einzeln auf ein eigenes Blatt Papier kopiert) und lasse sie eine davon auswählen. So hat jeder Schüler die Möglichkeit, eine Aufgabe zu wählen, die ihm zusagt und seinem persönlichen Niveau entspricht. Oft ergibt sich eine gute Dynamik, wenn Schüler zu zweit oder zu dritt an einer solchen Aufgabe arbeiten und darüber diskutieren. (Bei Gruppen von mehr als drei Schülern jedoch ist die Wahrscheinlichkeit groß, dass einige von ihnen als "Passivmitglieder" nur abschreiben, was die anderen arbeiten.)
Wenn eine Gruppe nicht mehr weiterkommt, gebe ich ihnen ein zweites Blatt mit den "Zusätzlichen Hinweisen" zu ihrer jeweiligen Aufgabe. Wenn das auch nicht hilft, gebe ich persönlich einige Gedankenanstöße in der Art des oben wiedergegebenen Dialogs.
Nach Beendigung der Aufgabe (was meistens mehrere Stunden erfordert!) kann jede Gruppe ihre Ergebnisse den anderen Schülern vorstellen.

Je nach Reife der Schüler kann man solche Forschungsarbeiten auch als Hausaufgabe zum ganz selbständigen Erarbeiten geben. (Zeit: mindestens eine Woche! Bei anspruchsvolleren Aufgaben noch länger.) So habe ich das ab und zu bei meinen eigenen Kindern gemacht – wobei ich natürlich jederzeit als "Auskunftsperson" ansprechbar war, wenn sie eine Schwierigkeit hatten.
Man kann das auch auf phantasievolle Weise tun. Eines Tages schickte ich z.B. meinen Kindern die Aufgabe Nr. D2 als Brief formuliert, adressiert an das "Mathematische Detektivbüro Rüegg & Rüegg" und als "wichtigen Auftrag" gekennzeichnet: "Ich benötige unbedingt Einzelheiten über das Verhalten der verdächtigen Quadratzahlen, die sich in der Nähe meines Hauses aufhalten. Bitte beobachten Sie sie während der nächsten sechs Tage eingehend und erstatten Sie mir Bericht über alle auffälligen Wahrnehmungen ..." Sie machten sich mit Eifer an die Arbeit.

Beispiel einer möglichen Antwort auf eine Forschungsaufgabe

"Spiegel-Differenzen"

Aufgabenstellung: Schreibe eine dreistellige Zahl auf. Dann schreibe dieselbe Zahl rückwärts. Berechne die Differenz zwischen den beiden Zahlen. Mache dasselbe mit einigen anderen dreistelligen Zahlen. Untersuche die Ergebnisse. Was für Gemeinsamkeiten findest du zwischen allen diesen Ergebnissen? Findest du eine Erklärung dafür? Kannst du eine Regel darüber aufstellen?

Mögliche Schülerantwort ca. um das 5. bis 7. Schuljahr:

Beispiele:

872	462	743	601	943	933	923
-278	-264	-347	-106	-349	-339	-329
594	198	396	495	594	594	594

Was ich beobachte:

Alle Ergebnisse haben eine 9 in der Mitte.
Die beiden übrigen Ziffern geben zusammen immer 9.

Erklärung:

Bei den Zehnern wird immer dieselbe Ziffer voneinander weggezählt, das würde 0 geben. Aber weil wir von den Einern immer einen Übertrag haben, gibt es 9 und einen neuen Übertrag. Deshalb gibt es bei den Zehnern im Ergebnis immer 9.

Bei den Hundertern und Einern werden dieselben Ziffern voneinander weggezählt, aber in umgekehrter Reihenfolge. Wir zählen also diese "Hunderterdifferenz" einmal von den Hundertern weg. Z.B. wenn die Hunderterdifferenz 5 ist, dann haben wir 500 − 5 = 495.

Es gibt nur neun verschiedene Ergebnisse, nämlich eines für jede Hunderterdifferenz.

Regel:

Wenn wir die Hunderterdifferenz kennen, dann können wir das ganze Ergebnis ausrechnen. Die Hunderterdifferenz ist die Differenz zwischen den Hundertern und den Einern in der ersten Zahl.

Anmerkungen zur obigen Schülerantwort:

Die Beispiele sind gut ausgewählt. Am Anfang probiert der Schüler ganz verschiedene Kombinationen aus. Die letzten Beispiele dagegen unterscheiden sich nur in der Zehnerstelle, und die Ergebnisse werden gleich. (Es wäre gut gewesen, bei den Beobachtungen darauf hinzuweisen.)

Die Erklärungen und die Regel sind recht gut formuliert, wenn man in Betracht zieht, dass der Schüler noch keine Algebrakenntnisse hat. Einzig besteht eine Unklarheit darüber, ob der Schüler den Wert der einzelnen Ziffer (z.B. 5) meint oder deren Stellenwert (z.B. 500), wenn er "Hunderter" oder "Zehner" sagt. Die richtige Bedeutung geht aber jeweils aus dem Zusammenhang hervor.

Der Schüler hat sogar einen neuen Begriff erfunden ("Hunderterdifferenz"), um seine Theorie zu erklären. Das ist durchaus erlaubt, ja sogar erwünscht, solange die neuen Begriffe klar definiert bzw. erklärt werden. Mathematiker erfinden laufend neue Fachbegriffe, wenn sie ein neues Themengebiet erforschen und beschreiben.

Eine erwähnenswerte Einzelheit ist dem Schüler offenbar nicht aufgefallen: Wenn wir von "hundertmal die Hunderterdifferenz" einmal dieselbe Hunderterdifferenz wegzählen, dann erhalten wir genau 99mal die "Hunderterdifferenz". Das Ergebnis ist also immer genau das 99fache der "Hunderterdifferenz" (d.h. der Differenz zwischen Hunderter- und Einerziffer der ursprünglichen Zahl).

Bei der "Regel" fehlt eine genaue Erklärung, *wie* das ganze Ergebnis anhand der "Hunderterdifferenz" ausgerechnet werden kann. Der Schüler hat zwar nicht herausgefunden, dass man sie einfach mit 99 multiplizieren kann; aber er hätte etwa folgendes schreiben können:

"Im Ergebnis ist die Einerziffer zehn minus die Hunderterdifferenz, die Zehnerziffer ist immer 9, und die Hunderterziffer ist eins weniger als die Hunderterdifferenz."

- Von einem **Schüler mit Algebrakenntnissen** wäre etwa folgende Erklärung der Beobachtungen zu erwarten:

"Die ursprüngliche Zahl kann geschrieben werden als **100a + 10b + c** (wobei **a, b, c** die einzelnen Ziffern bedeuten).

Diese Zahl rückwärts ist **100c + 10b + a**.

Die Differenz ist dann:

(100a + 10b + c) – (100c + 10b + a)

= 100a + 10b + c – 100c – 10b – a

= 99a – 99c

= 99(a–c),

also 99mal die Differenz zwischen den Ziffern **a** und **c**."

A. Einfache und sehr einfache Forschungsaufgaben

Vorbemerkungen zu den einfachen Forschungsaufgaben:

Diese Aufgaben sind als eine erste Einführung ins mathematische Denken gedacht. Einige sehr einfache Aufgaben erfordern lediglich das Beherrschen des Zu- und Wegzählens sowie des Einmaleins, und sollten deshalb von Kindern ab ca. neun bis zehn Jahren gelöst werden können. Andere erfordern die Kenntnis der Grundoperationen mit größeren Zahlen, oder Konzepte wie z.b. Teilbarkeit, die aber immer noch der Elementarstufe zugehören.

Auf dieser Stufe werden die Beschreibungen mathematischer Gesetzmäßigkeiten noch unbeholfen und ungenau ausfallen. Das macht gar nichts! Man sollte hier nicht auf formeller Exaktheit bestehen (und erst recht nicht auf einer algebraischen Beweisführung, das wäre zuviel verlangt in diesem Alter!). Hauptsache ist, die Kinder machen ihre eigenen Beobachtungen, ziehen eigene Schlussfolgerungen und beschreiben sie in ihren eigenen Worten. Als Antwort auf Aufgabe A3.a wäre z.b. durchaus zuläßig und richtig: "Vorne gibt es eine Eins mehr und hinten gibt es eins weniger." (Lediglich müsste man bei dieser Antwort noch darauf hinweisen, dass alle anderen Ziffern des Ergebnisses *gleich* sind wie die Ausgangszahl.)

Als Hilfsmittel können und sollen durchaus konkrete Materialien herangezogen werden. Aufgaben A1 und A2 enthalten Vorschläge, wie man mit Hilfe von Cuisenaire-Stäbchen zur Antwort gelangen kann. Ähnliche Vorgehensweisen sind auch bei anderen Aufgaben dieser Serie möglich. Mit Hilfe von Graphiken, Zusammensetzspielen, Holzwürfeln und -stäbchen usw. eine Gesetzmäßigkeit zu entdecken und zu erklären ist nicht nur mathematisch zuläßig, es ist sogar das bevorzugte Vorgehen auf der Elementarstufe. Erinnern wir uns, dass die alten Griechen praktisch alle ihre mathematischen Beweise auf graphisch-geometrische Weise durchführten.

Mit einem Sternchen (*) gekennzeichnete Fragen sind zusätzliche, etwas schwierigere Teilaufgaben für begabtere Schüler.

Einige Aufgaben dieser Serie haben keine "Zusätzlichen Hinweise", da die hier vorkommenden mathematischen Gesetzmäßigkeiten noch nicht kompliziert sind.

Aufgabe A1: Serien von Zu- und Wegzählaufgaben

Erforderliche Vorkenntnisse:
- Zu- und Wegzählen.

Material: Cuisenaire-Stäbchen.

Rechne die folgenden Aufgabenserien, lege sie mit Cuisenaire-Stäbchen, und beobachte die Ergebnisse. Was für Regelmäßigkeiten beobachtest du? Kannst du erklären, warum es so herauskommt?

a)	b)	c)	d)
7 + 0 = ___	6 + 5 = ___	10 − 9 = ___	13 − 0 = ___
7 + 1 = ___	7 + 5 = ___	11 − 9 = ___	13 − 1 = ___
7 + 2 = ___	8 + 5 = ___	12 − 9 = ___	13 − 2 = ___
7 + 3 = ___	9 + 5 = ___	13 − 9 = ___	13 − 3 = ___
7 + 4 = ___	10 + 5 = ___	14 − 9 = ___	13 − 4 = ___
7 + 5 = ___	11 + 5 = ___	15 − 9 = ___	13 − 5 = ___

Die Ergebnisse der Serie d) scheinen sich anders zu verhalten als die übrigen. Kannst du erklären warum?

Rechne auch die folgenden Serien, beobachte, und erkläre deine Beobachtungen:

e)	f)	g)	h)
3 + 5 = ___	9 − 7 = ___	53 − 0 = ___	2 + 4 = ___
13 + 5 = ___	19 − 7 = ___	53 − 10 = ___	20 + 40 = ___
23 + 5 = ___	29 − 7 = ___	53 − 20 = ___	200 + 400 = ___
33 + 5 = ___	39 − 7 = ___	53 − 30 = ___	
43 + 5 = ___	49 − 7 = ___	53 − 40 = ___	
53 + 5 = ___	59 − 7 = ___	53 − 50 = ___	

Aufgabe A2: Gerade und ungerade Summen

Erforderliche Vorkenntnisse:
- Zu- und Wegzählen.

Material: Buntstifte, Cuisenaire-Stäbchen.

a) Mache dir eine Zuzähltabelle wie die folgende (mindestens bis 8+8):

+	1	2	3	4	5	6	7
1	2	3	4	..	..	..	..
2	3	..	..				
3	..						
4	..						
5	..						

Male die geraden Ergebnisse mit einer Farbe an, die ungeraden mit einer anderen Farbe. Beobachte, was für ein Muster entsteht, und beschreibe deine Beobachtung.

b) Stelle verschiedene Summen mit Cuisenaire-Stäbchen dar, wobei du nur Zweierstäbchen und Einerwürfel verwendest.
- Beispiel: (Gerade + Ungerade = Ungerade)

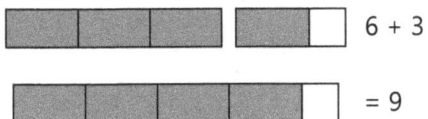

Mache verschiedene Beispiele mit verschiedenen Kombinationen von geraden und ungeraden Zahlen. Zeichne sie auf.

c) Erkläre deine Beobachtungen. Beschreibe ein allgemeines Gesetz: In welchen Fällen wird eine Summe gerade? In welchen Fällen wird sie ungerade?

Aufgabe A3: Zu- und Wegzählen von Zahlen mit lauter Neunen

Erforderliche Vorkenntnisse:
- Zu- und Wegzählen von mehrstelligen Zahlen

a) Schreibe und löse einige Zuzählaufgaben, bei welchen einer der Summanden aus lauter Neunen besteht (99, 999, 9999, usw.). Der andere Summand kann irgendeine Zahl sein. Beobachte die Ergebnisse. Mache so viele Beispiele, bis du eine gemeinsame Eigenschaft aller dieser Summen herausfindest. Beschreibe diese Eigenschaft.

b) Mache dasselbe mit Wegzählaufgaben: Zähle z.b. von einer vierstelligen Zahl 999 weg, oder von einer fünfstelligen Zahl 9999. Beschreibe deine Beobachtungen.

c) Suche eine Erklärung für deine Beobachtungen. Benutze dabei die mathematischen Gesetze über Summen und Differenzen, die dir bekannt sind.

Aufgabe A4: Multiplikation mit 5 und mit 25

Erforderliche Vorkenntnisse:
- Grundoperationen mit mehrstelligen Zahlen

a) Wähle einige *gerade* Zahlen aus und multipliziere sie mit 5. Schreibe daneben dieselben Zahlen nochmals und teile sie durch 2. Was stellst du fest? Was für eine Regel kannst du daraus ableiten, wie man eine gerade Zahl auf einfache Weise mit 5 multiplizieren kann?

b) Wähle einige weitere gerade Zahlen aus und multipliziere sie auf diese vereinfachte Weise mit 5.

c) Findest du eine mathematische Begründung, *warum* das so funktioniert? Benütze dazu die mathematischen Gesetze über Multiplikation und Division, die dir bekannt sind.

*d) Findest du eine ähnliche Regel zum schnellen Multiplizieren mit 25? (Rechne einige Beispiele, bis du eine Regel findest.) Für welche Arten von Zahlen funktioniert diese Regel? Kannst du sie mathematisch begründen?

e) Wie helfen dir die gefundenen Regeln zum schnellen *Teilen* durch 5 und durch 25? Wie lauten die entsprechenden Regeln? Und auf was für Arten von Zahlen sind sie anwendbar? - Prüfe deine Regeln an einigen Beispielen nach.

*f) Findest du auch eine ähnliche Regel zum schnellen Multiplizieren mit 15, und zum Teilen durch 15?

Aufgabe A5: Diagonale Folgen in der Multiplikationstabelle

Erforderliche Vorkenntnisse:
- Grundoperationen

a) Stelle eine Multiplikationstabelle von 0 x 0 bis 12 x 12 auf.

b) Wähle einige diagonale Zahlenfolgen in dieser Tabelle aus und untersuche sie – d.h. die Zahlen, die du der Reihe nach findest, wenn du dich von einer Zahl am Rand der Tabelle diagonal fortbewegst, bis du wieder an einen Rand stößt. Wähle Folgen von mindestens fünf Zahlen aus, und in beiden Richtungen (d.h. sowohl von links oben nach rechts unten, wie auch von links unten nach rechts oben).
Untersuche: die Endziffern der Zahlen in solchen Folgen; die Differenz zwischen jeweils zwei aufeinanderfolgenden Zahlen einer Folge; und alle übrigen Eigenschaften, die dir interessant erscheinen.

c) Findest du eine gemeinsame Eigenschaft aller Folgen von links oben nach rechts unten? und eine gemeinsame Eigenschaft aller Folgen von links unten nach rechts oben?

d) Schreibe alle weiteren interessanten Eigenschaften auf, die du in der Multiplikationstabelle findest.

Aufgabe A6: Neugierige Fragen zum Teilen mit Rest

Bei allen Fragen zu dieser Aufgabe wird vorausgesetzt, dass die Ergebnisse mit Rest geschrieben werden; z.b. 37 : 5 = 7 R.2 (also ohne Verwendung von Brüchen oder Dezimalen.)

a) Teile einige Zahlen durch 10. Z.B. 43 : 10, 58 : 10, 92 : 10, usw. Beobachte die Ergebnisse. Kannst du etwas Interessantes feststellen? Kannst du erklären, *warum* es so herauskommt?

b) Einige Kinder denken, dass Rechnungen wie die folgenden nicht gelöst werden können:

3 : 8, 1 : 4, 5 : 6, ...

Untersuche, was in solchen Situationen geschieht. Kannst du die richtigen Ergebnisse angeben (mit Rest)?

c) Teile einige Zahlen der Zehnerreihe durch 9:

20 : 9, 30 : 9, 40 : 9, ...

Beobachte die Ergebnisse. Stellst du etwas Interessantes fest? Findest du eine Erklärung für deine Beobachtung?

Aufgabe A7: Teilbarkeit durch 4 und durch 8

Erforderliche Vorkenntnisse:
- Grundoperationen

a) Schreibe die Viererreihe auf bis 4 x 25 = 100. Untersuche, ob du eine Beziehung zwischen Einer- und Zehnerziffern der Viererzahlen findest. Gibt es eine nützliche Gesetzmäßigkeit? – Was für eine Teilbarkeitsregel (durch 4) kannst du für Zahlen über hundert aufstellen?

b) Findest du ähnliche Regeln für die Teilbarkeit durch 8? (Schreibe die Achterreihe bis 8 x 25 = 200.)

Aufgabe A8: Teilbarkeit durch zusammengesetzte Zahlen

Erforderliche Vorkenntnisse:
- Grundoperationen
- Teilbarkeitsregeln durch 2, 3, 5 und 9.

a) Wähle mindestens zehn Zahlen aus, und vervollständige dementsprechend die folgende Tabelle: (Es sollten mindestens zwei Zahlen darunter sein, die durch 18 teilbar sind.)

Zahl	teilbar durch 2?	teilbar durch 9?	teilbar durch 18?
27	nein	ja	nein
..	..	..	..
..			

Untersuche das entstandene Ja-Nein-Muster. Findest du eine Gesetzmäßigkeit für jene Zahlen, die durch 18 teilbar sind? Was für eine Regel kannst du somit aufstellen?

b) Gibt es andere zusammengesetzte Zahlen als Teiler, für die du eine ähnliche Regel aufstellen kannst? Schreibe diese Zahlen und die jeweilige Teilbarkeitsregel auf.

Aufgabe A9: Teilbarkeit durch 11

Erforderliche Vorkenntnisse:
- Grundoperationen
- Evtl. Teilbarkeits- und Restregeln

Schreibe die Elferreihe auf (mindestens bis 11 x 20 = 220). Findest du eine Regel für die Teilbarkeit durch 11?

Untersuche gesondert die folgenden beiden Gruppen von Elferzahlen:

a) 121, 132, 143, 154 ... 231, 242, 253, ... 341, 352, ...

b) 209, 308, 319, 407, 418, 429, 506, ...

Findest du eine Regel für jede der beiden Gruppen? Und findest du eine Art und Weise, wie du die Regeln für die beiden Gruppen zu einer einzigen allgemeinen Regel zusammenfassen kannst?

Aufgabe A10: Forschung zum mathematischen Golfspiel

Erforderliche Vorkenntnisse:
- Grundoperationen
- Evtl. Teilbarkeits- und Restregeln

Empfohlenes Material: Cuisenaire-Stäbchen

Das Spiel "mathematisches Golf" besteht darin, mit bestimmten "Schlägen", d.h. zum voraus festgelegten Operationen (z.B. Zuzählen einer bestimmten Zahl, oder Multiplizieren mit einer bestimmten Zahl) bestimmte "Zielzahlen" exakt zu erreichen. Eine der einfachsten Varianten besteht darin, dass man zwei Zuzähloperationen zur Verfügung hat (z.B. +3 und +5), und damit, bei Null beginnend, eine bestimmte Zahl erreichen muss (z.B. 14). In dem genannten Beispiel bestünde die Lösung darin, dass man dreimal 3 und einmal 5 dazuzählt (3+3+3+5 = 14). Falls es mehrere Lösungen gibt, so soll die Zielzahl mit einer möglichst geringen Anzahl von "Schlägen" erreicht werden.

Du kannst dieses Spiel mit Cuisenaire-Stäbchen auf einer Zahlengerade spielen: Zeichne eine Zahlengerade mit Abständen von je 1 cm zwischen aufeinanderfolgenden Zahlen. (Oder benütze ein Metermaß.) Wähle zwei verschiedene Sorten von Stäbchen sowie eine Zielzahl aus (durch freie Entscheidung, Auslosen, Würfeln, oder wie auch immer). Lege aus den Stäbchen, die du zur Verfügung hast, eine "Schlange", die bei Null beginnt und genau bis zur Zielzahl reicht. Spiele das Spiel einige Male mit verschiedenen Zahlen, bis du ein Gefühl dafür bekommst, wie es funktioniert. Man kann das Spiel auch zu zweit spielen und sehen, wer die "schnellere" Lösung findet, aber ohne über das Ziel hinauszuschießen.

a) Findest du ein allgemeines Vorgehen, wie du die "kürzeste" Lösung jeweils zum voraus ausrechnen kannst?

b) Du kannst das Spiel systematischer untersuchen, wenn du ein bestimmtes Paar von "Schlägen" wählst (z.B. +3 und +7), und dann in geordneter Form alle Spiele aufschreibst, die mit diesen "Schlägen" möglich sind, bis zu einer gewissen maximalen

Endzahl (z.B. 50). Du kannst dies z.B. in Form einer Tabelle tun, oder in Form eines Baumdiagramms. – Benütze eine solche Art der Zusammenstellung zur Untersuchung der folgenden Fragen.

c) Nachdem du ein Paar von "Schlägen" ausgewählt hast, suche jene Zahlen, die du damit unmöglich erreichen kannst. – Wie kannst du für ein *beliebiges* Paar von "Schlägen" die "unmöglichen" Zahlen errechnen?

d) Versuche es mit verschiedenen Paaren von "Schlägen". Du wirst feststellen, dass es für gewisse Zahlenpaare eine *letzte* "unmögliche Zahl" gibt, nach welcher alle weiteren Zahlen erreichbar sind; während für andere Zahlenpaare die "unmöglichen Zahlen" nie aufhören. Worin unterscheiden sich die Zahlenpaare mit einer letzten "unmöglichen Zahl" von jenen, die beliebig große "unmögliche Zahlen" haben?

e) Für jene Zahlenpaare, die eine letzte "unmögliche Zahl" haben: Wie kannst du diese letzte "unmögliche Zahl" ausrechnen? Findest du eine Gesetzmäßigkeit dazu?

Aufgabe A11: Die schlauen Multiplikationen der alten Perser

In einem Buch aus dem 14.Jahrhundert mit dem Titel "Risala Hisab" beschreibt der persische Astronom Ali Kushchi einige Methoden, mit denen man Zahlen bis 20 schnell und einfach multiplizieren kann. Für einige dieser Methoden kannst du deine Finger verwenden. Zum Beispiel:

Nehmen wir an, du hast vergessen, wieviel 7x9 ist. Du könntest natürlich die Zahl 9 siebenmal zusammenzählen. Aber es geht auch schneller:

7 + 9 – 10 = 6, das sind die Zehner des Ergebnisses. (Man muss jedesmal 10 wegzählen, unabhängig davon, mit welchen Zahlen man beginnt.) Multipliziere die Differenzen zwischen jeder der beiden Zahlen und 10: 3 x 1 = 3, das sind die Einer. Also ist das Ergebnis 63.

Oder als "Fingerspiel": Halte deine beiden Hände mit den Handflächen zu dir und ausgestreckten Fingern. Krümme 7 Finger, von links beginnend. Dann strecke die Finger der linken Hand wieder aus, und stelle dir vor, dass du nun 9 Finger krümmst, von rechts beginnend. In Wirklichkeit krümmst du aber nur die entsprechenden Finger der linken Hand; d.h. die ausgestreckten drei Finger der rechten Hand bleiben gestreckt. Nun sollten deine Hände so aussehen:

Die Anzahl der gekrümmten Finger (6) gibt dir jetzt die Zehner des Ergebnisses, und die gestreckten Finger miteinander multipliziert (1 x 3 = 3) ergeben die Einer.

Mit Zahlen zwischen 10 und 20 funktioniert es genauso. Z.B. 12 x 13:

12 + 3 = 15, das sind die Zehner. (Wir haben bereits in Gedanken von 13 zehn weggezählt.) Jetzt multiplizieren wir die Einer der beiden Faktoren, das sind die Einer des Ergebnisses: 2 x 3 = 6. Also ist das Ergebnis 156.

Oder mit etwas größeren Zahlen, z.B. 14 x 17:
14 + 7 = 21,   4 x 7 = 28,   210 + 28 = 238.

Mit den Fingern geht das nur, wenn keine der Zahlen größer als 15 ist. Nehmen wir also wieder 12 x 13 als Beispiel: Strecke an jeder Hand so viele Finger auf, wie ein Faktor Einer hat – also 2 Finger links und 3 rechts. Die *Summe* der aufgestreckten Finger gibt die Zehner, aber du musst noch 100 dazuzählen: 50 + 100 = 150. Das *Produkt* der aufgestreckten Finger gibt die Einer: 2 x 3 = 6.

Wenn eine der Zahlen größer ist als 10, die andere aber kleiner als 10, dann müssen wir die Methode für die Einer ein klein wenig abwandeln. Z.B. 8 x 14:

8 + 4 = 12, das sind die Zehner. Wir multiplizieren wieder die Differenzen zwischen jeder der beiden Zahlen und 10: 2 x 4 = 8. Nur müssen wir in diesem Fall dieses Ergebnis von den Zehnern weg- statt dazuzählen: 120 – 8 = 112, das ist das Ergebnis. (Das geht nun nicht mehr so praktisch mit den Fingern.)

a) Rechne einige Beispiele durch und prüfe sie nach. Kannst du erklären, warum diese Methode funktioniert?

b) Kannst du ähnliche Methoden erfinden für Zahlen, die größer als 20 sind?

Aufgabe A12: Kombinatorisches Tischdecken

Wenn du beim Tischdecken an jeden Platz einen Teller, ein Messer, eine Gabel und einen Löffel legen musst, wie viele Möglichkeiten gibt es dann, diese vier Gegenstände in unterschiedlicher Reihenfolge hinzulegen? Z.B. könntest du links vom Teller zuerst den Löffel, dann das Messer und dann die Gabel legen. Oder du könntest Messer und Löffel vertauschen, oder Löffel und Gabel. Oder du könntest links vom Teller nur das Messer legen, und rechts vom Teller zuerst die Gabel und dann den Löffel. Usw ...

a) Wie viele mögliche Reihenfolgen gibt es für diese vier Gegenstände? Schreibe sie auf eine systematische und geordnete Weise auf.

b) Wenn wir noch einen Gegenstand dazunehmen – z.B. einen Dessertlöffel –, wie viele Möglichkeiten gibt es dann? (Diese Vertauschungsmöglichkeiten werden "Permutationen" genannt.)

c) Findest du ein allgemeines mathematisches Gesetz darüber, was mit der Anzahl von Möglichkeiten geschieht, wenn man jeweils einen weiteren Gegenstand dazunimmt? – Kannst du nach diesem Gesetz ausrechnen, wieviele Permutationen von 10 Gegenständen es gibt?

Aufgabe F35 in Band 2 ist eine etwas schwierigere Fortsetzung dieser Aufgabe.

Aufgabe A13: Tetris und Pentominos

Material: Karton oder Sperrholz

Wahrscheinlich kennst du die "Tetris" als Computerspiel. Aber mit vollem Namen heißen sie "Tetrominos", und das bedeutet: Figuren, die man durch Aneinanderfügen von je vier Quadraten erhalten kann.

a) Wie viele verschiedene Tetris gibt es? Zeichne sie auf kariertes Papier. - Figuren, die durch Drehen oder Spiegeln aus anderen Figuren entstehen können, gelten dabei nicht als verschiedene Figuren; denn wenn wir sie aus Karton ausschneiden, können wir sie ja umdrehen. Z.B. stellen diese Figuren alle dasselbe Tetri dar:

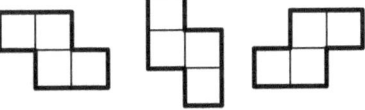

b) Stelle dir einen Satz Tetris aus dickem Karton oder Sperrholz her. (D.h. jede mögliche Figur je einmal.) Versuche aus allen Tetris zusammen ein Rechteck zu bilden. Findest du eine Lösung?

c) Nun gehen wir eine Stufe weiter, nämlich zu den "Pentominos". Das sind Figuren, die man durch Aneinanderfügen von *fünf* gleich großen Quadrätchen bilden kann. Z.B:

Wie viele verschiedene Pentominos gibt es? Zeichne sie auf kariertes Papier. - Figuren, die durch Drehen oder Spiegeln aus anderen Figuren entstehen können, gelten dabei nicht als verschiedene Figuren.

d) Stelle dir einen Satz Pentominos her. Versuche daraus Rechtecke herzustellen. Was für Rechtecke kannst du bilden? Zeichne sie auf. (Du kannst dazu so viele oder so wenige Pentominos verwenden wie du willst.)

*e) Kannst du auch Rechtecke bilden, bei denen *alle* Pentominos verwendet werden? Was für solche Rechtecke kann man bilden?

*f) Wenn man zusätzlich noch ein Quadrat von 2x2 Quadrätchen dazunimmt, kann man damit und mit allen Pentominos ein großes Quadrat zusammensetzen. Findest du heraus wie?

g) Stelle und löse ähnliche Aufgaben für Figuren aus 6 Quadrätchen (Hexominos), 7 Quadrätchen ... Du kannst auch versuchen, ähnliche Figuren aus aneinandergefügten gleichseitigen Dreiecken oder aus regelmäßigen Sechsecken zu bilden.

Aufgabe A14: Das 24-Spiel

Erforderliche Vorkenntnisse:
- Grundoperationen.
- (Für d) auch Potenzen und Wurzeln.)

Das ist ein Würfelspiel, und es geht folgendermaßen: Ein Spieler wirft mit vier Würfeln. Alle Mitspieler müssen nun versuchen, aus den geworfenen Augenzahlen eine Rechnung zu bilden, die 24 ergibt. Wer zuerst eine Lösung findet, erhält einen Punkt. Dann wirft der nächste Spieler.

(Variante: Nur der Spieler, der geworfen hat, versucht eine Lösung zu finden. Wenn er keine findet, darf es der Spieler zu seiner Rechten versuchen, usw.)

Jede Würfelzahl muss genau einmal verwendet werden, und es sind nur die vier Grundoperationen zugelassen (sowie Klammern, wo nötig).

Beispiel: Es wurde geworfen: 2, 2, 3, 4.   Lösung: $(2+2+4) \times 3 = 24$.

a) Spiele das Spiel ein paar Male, bis du verstehst, wie es geht.

b) Gibt es zu allen möglichen Würfen eine Lösung? Oder gibt es "unlösbare Würfe"? Welche?

c) Für welche "unlösbaren Würfe" gibt es eine Lösung, wenn man die Würfelzahlen als Ziffern auffasst, aus denen auch mehrstellige Zahlen gebildet werden können? – z.B. für 1, 2, 3, 4: $12 + 3 \times 4 = 24$.   (Aber in diesem Fall gibt es auch eine Lösung, die keine mehrstelligen Zahlen erfordert.)

*d) Für welche "unlösbaren Würfe" gibt es eine Lösung, wenn Potenzen und Wurzeln zugelassen sind? – Gibt es Würfe, die auch nach diesen Erweiterungen der Regeln unlösbar bleiben?

Aufgabe A15: Spielanalyse: Kreuze und Kreise

Dieses Spiel ist auch unter dem Namen Tic-Tac-Toe bekannt (und möglicherweise unter weiteren Namen). Es wird zu zweit gespielt. Es geht darum, dass auf einem "Spielfeld" von 3x3 Quadraten jeder Spieler abwechselnd eines der noch freien Quadrate mit seinem Zeichen markiert (z.b. Spieler 1 mit einem Kreis, Spieler 2 mit einem Kreuz). Wer zuerst drei seiner Zeichen in einer geraden Linie hat (waagrecht, senkrecht oder diagonal), hat gewonnen. Wenn alle Quadrate ausgefüllt sind, ohne dass einer der Spieler eine gerade Linie bilden konnte, so ist das Spiel unentschieden.

a) Spiele das Spiel einige Male. Findest du die beste Gewinnstrategie für den Spieler, der anfängt? – und für den zweiten Spieler?

- Falls diese Frage zu allgemein gestellt ist, hier einige weitere Anregungen, in welcher Richtung du forschen kannst:

b) Findest du "Gewinnstellungen"? D.h. Spielsituationen, bei denen einer der Spieler mit Sicherheit gewinnt, egal welches Feld der Gegenspieler ankreuzt? Was haben diese Gewinnstellungen gemeinsam?

c) Was kann der Gegenspieler beim vorherigen Zug tun, um die Herstellung einer Gewinnstellung zu vermeiden? Gibt es Situationen, wo er das nicht vermeiden kann (d.h. die schon zwei Züge vorher eine unbedingte Gewinnstellung darstellen)? Was haben diese Gewinnstellungen gemeinsam?

d) Es handelt sich hier um ein sehr kleines Spiel – mit nur wenigen Zugmöglichkeiten und mit maximal 9 Zügen für beide Spieler zusammengerechnet. Es ist deshalb möglich, eine Tabelle oder ein Baumdiagramm von _allen_ möglichen Spielen aufzustellen. – Oder zumindest von allen "intelligenten" Spielen. Als ein "intelligentes" Spiel können wir ein Spiel bezeichnen, in welchem keiner der beiden Spieler einen groben Fehler begeht, bzw. jeder einen Zug vorausdenkt. Also dass kein Spieler die Möglichkeit außer acht lässt, eine gerade Linie von drei Zeichen zu vervollständigen, sofern er diese Möglichkeit hat. Und dass jeder Spieler "sieht", wenn der Gegner im nächsten Zug die Möglichkeit hat, eine Reihe von drei Zeichen zu vervollständigen, und somit dies verhindert, sofern er das kann.

Kannst du eine solche Tabelle von "intelligenten" Spielen aufstellen?

Beachte beim Aufstellen der Tabelle auch, dass viele Stellungen "gleichwertig" sind, weil sie zueinander symmetrisch sind oder einfach anders gedreht. Z.B. sind die folgenden Stellungen alle gleichwertig:

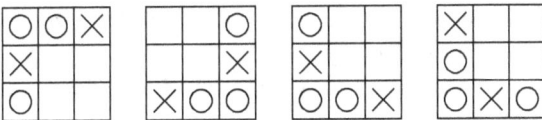

Solche gleichwertigen Stellungen brauchen also nicht mehrfach aufgezeichnet zu werden.

e) Kannst du nach der Aufstellung einer solchen Tabelle sagen, wer die besseren Gewinnchancen hat: der Spieler, der anfängt, oder der zweite Spieler? Oder haben beide dieselben Chancen?

f) Kannst du auch sagen, welches die beste Möglichkeit ist für den ersten Spieler, das Spiel zu beginnen? - Und kannst du für jeden möglichen Zug des ersten Spielers sagen, welches dann jeweils der beste Zug für den zweiten Spieler ist?

g) Wie wird ein Spiel enden, in welchem beide Spieler so intelligent wie möglich spielen, d.h. so viele Züge wie möglich vorausdenken?

Aufgabe A16: Ein Experiment mit schriftlichen Divisionen

Schreibe irgendeine dreistellige Zahl auf. Schreibe dieselbe Zahl dahinter gleich noch einmal, sodass eine sechsstellige Zahl entsteht.

Teile diese sechsstellige Zahl durch 7.

Teile das Ergebnis dieser Division durch 11.

Teile das Ergebnis dieser neuen Division durch 13.

Ich sage voraus, dass alle diese Divisionen ohne Rest aufgehen, und dass das Endergebnis eine bemerkenswerte Eigenschaft haben wird, verglichen mit deiner anfänglichen Zahl.

Funktioniert dieses Experiment mit allen dreistelligen Zahlen?

Und *warum* funktioniert es? Findest du eine Erklärung dafür?

Aufgabe A17: Einfache Ziffern-Kryptogramme

Kryptogramme sind "verschlüsselte" Rechenoperationen, bei denen jede Ziffer durch ein besonderes Symbol (oder einen Buchstaben) dargestellt wird. Es handelt sich hier um "geschlossene" Fragestellungen, d.h. es wird eine spezifische Lösung gesucht. Dennoch geben die Kryptogramme Anlass zum Forschen, weil jedes Kryptogramm wieder auf etwas anderen Eigenschaften der Zahlen beruht.

Hier die genauen "Spielregeln":

1. Innerhalb eines Kryptogrammes – auch wenn es mehrere Rechnungen enthält – bedeuten immer gleiche Buchstaben (bzw. Symbole) gleiche Ziffern; unterschiedliche Buchstaben (bzw. Symbole) bedeuten unterschiedliche Ziffern. Die Aufgabe besteht darin herauszufinden, welcher Buchstabe (bzw. Symbol) welche Ziffer bedeutet, so dass alle Rechnungen stimmen.

2. Von Kryptogramm zu Kryptogramm kann jedoch die Bedeutung der Buchstaben (bzw. Symbole) ändern. Wenn also z.b. das Kryptogramm a) den Buchstaben A enthält und das Kryptogramm b) enthält auch den Buchstaben A, dann bedeutet dieser Buchstabe nicht unbedingt in beiden Kryptogrammen dasselbe. – In anderen Worten: Jedes Kryptogramm ist eine eigene, von den anderen unabhängige Aufgabe. Wenn aber ein einziges Kryptogramm mehrere Rechnungen enthält, dann gehören diese zusammen.

3. Keine (ganze) Zahl beginnt mit einer Null. (*Innerhalb* einer Zahl oder am Ende können aber sehr wohl Nullen vorkommen.)

4. Kryptogramme sind keine Algebra! "AB" bedeutet also nicht "A multipliziert mit B", sondern eine zweistellige Zahl aus den Ziffern A und B.

Hier ein erstes, ganz einfaches Beispiel:

$$A + A = B \qquad A \times A = B$$

Die einzigen Ziffern, die diese Bedingungen erfüllen, sind 2 und 4. Die Lösung ist also: A = 2, B = 4. Oder in die Rechnungen eingesetzt:

$$2 + 2 = 4 \qquad 2 \times 2 = 4$$

Nun bist du an der Reihe!

a) $A + A = B$ $B + B = C$ $C + C = D$

b) $A + B = C$ $C + C = D$ $D + D = AB$

c) $X + X = YZ$ $YZ + X = YX$

d) $M \times M = LM$ $L + L = M$

e)   ▧ ▧ + ▧ ▧ = ◻ ◻ ⊞

f)   ⊘ ⊘ + ⊘ ⊘ = ⊗ ⊕ ◎   ⊗ + ⊕ = ⊘

g) $Z \times O = UZ$ $U + Z = O$

(Dieses Kryptogramm hat zwei richtige Lösungen.)

h) $V \times V = W$ $W + W = DU$

i)   ⊠ × ▷ = ▽ ▷   ⊠ + ⊠ = ▽ + ▷

j) $A + A + A + A = NR$

    $B \times N = R$ $B \times A = NR$

k) $(X + Y) \times (X + Y) = XY$

l) ⬇ + ⬇ = ⬆ ⬆ x ⬆ = ➡ ⬇

m) DA + DA + DA = AM

n) A + U = OO (A x U) + O = EO

o) B x B = RA B + A = VO R x R = VO

Wieviel ist BRAVO?

p) ◑◗ + ◐ = ◑◗ ◗◑ + ◗◑ = ◐◑

q) (P x Q) + Q = QX R x R = QP

r) ☺☹ + ☹☺ = ☹☺☺

s) △△ x △△ = △▽△

t) △▽ x △▽ = △▽▽

u) EH + HA = ISS ES + H = EH

E + E + A = H

Aufgabe A18: Würfel-Experimente

Erforderliche Vorkenntnisse: Bruch- und Prozentrechnungen.

Experiment 1:

a) Würfle 30mal und notiere in einer Tabelle von jeder Punktzahl, wie oft sie erscheint. Also wie oft du eine 1 würfelst, wie oft eine 2, usw. Errechne dann für jede Zahl von 1 bis 6, wieviele Prozent des Totals auf die jeweilige Zahl entfallen.

b) Würfle weiter und schreibe auf, bis du insgesamt 100 Versuche hast. Zähle, wie oft du jetzt im ganzen 1 gewürfelt hast, wie oft 2, usw. Rechne wiederum die Prozentzahlen aus. (Das ist jetzt einfach, weil das Total ja genau 100 ist.)

c) Wenn du Ausdauer hast, mache weiter bis zu 200 Versuchen. Rechne wiederum die Prozentzahlen aus.

d) Vergleiche die Prozentzahlen von a), b) und c). Was beobachtest du? Kannst du erklären, warum es so herauskommt? Kannst du voraussagen, wie sich die Prozentzahlen vermutlich verhalten würden, wenn du bis zu einer Million Versuche weitermachtest?

Experiment 2:

Stelle Kärtchen her mit den Zahlen von 1 bis 12, mindestens 10 von jeder Sorte (also insgesamt 120 Kärtchen).

a) Lege die Kärtchen mit den Zahlen 1 bis 6 geordnet auf den Tisch: zuerst alle Kärtchen mit einer 1 aufeinandergelegt, daneben alle 2, dann alle 3, usw. Jeder Stapel sollte dieselbe Anzahl Kärtchen enthalten.

Würfle fortgesetzt, und nimm jedesmal ein Kärtchen von dem Stapel, der der gewürfelten Zahl entspricht. Fahre fort, bis einer oder zwei der Stapel aufgebraucht ist.

Welcher Stapel wird zuerst aufgebraucht? Gibt es Stapel, die schneller abnehmen als andere, oder nehmen alle etwa gleich schnell ab? Kann man auf irgendeine Art voraussagen, welcher Stapel wahrscheinlich zuerst aufgebraucht wird?

Mache das Experiment ein zweites und ein drittes Mal, um deine Vermutungen zu überprüfen.

b) Nimm jetzt alle Kärtchen von 1 bis 12, und mache dasselbe wie vorher, aber mit *zwei* Würfeln. Du wirfst beide Würfel gleichzeitig und nimmst jeweils ein Kärtchen von dem Stapel, der der *Summe* beider Würfel entspricht. Untersuche dieselben Fragen wie bei Variante a). Ist das Ergebnis ähnlich, oder kommt es jetzt anders heraus? Kannst du deine Beobachtungen mathematisch erklären?

Aufgabe A19: Freihändige Quadrat-Konstruktion

Du hast ein völlig unregelmäßig abgerissenes Stück Papier, ohne gerade Kanten, und sollst dieses zu einem exakten Quadrat falten. Bringst du das fertig, ohne irgendwelche zusätzlichen Hilfsmittel wie Bleistift, Lineal, usw. zu benützen, also nur mit Falten?

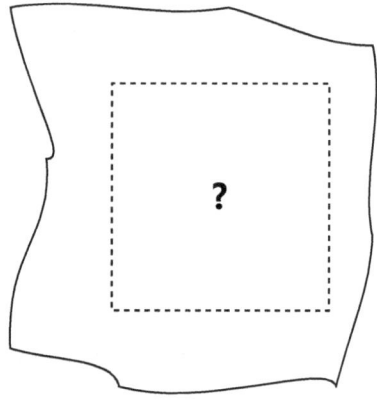

Mathematische Entdeckungsreise:

B. Die Brücken von Königsberg

Die ostpreußische Stadt Königsberg (heute Kaliningrad, Russland) ist zu beiden Seiten eines Flusses erbaut, und im Fluss befinden sich zwei Inseln. Mit der Zeit wurden insgesamt sieben Brücken zu den Inseln erbaut, nach dem folgenden Plan:

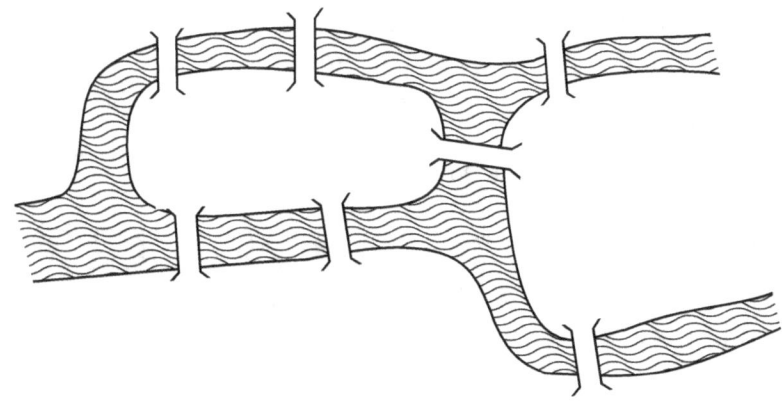

Die Einwohner von Königsberg machten sich einen Zeitvertreib daraus, über die Brücken zu spazieren. So kamen sie auf folgende Frage: *Welchen Weg müssen wir gehen, damit wir jede Brücke genau einmal überqueren?* Aber das war schwieriger, als es schien.

Aufgabe B1: Versuche, die Lösung zu finden!

Im Jahre 1735 kam der berühmte Mathematiker Leonhard Euler nach Königsberg. Die Einwohner baten ihn, ihr Brückenproblem zu lösen, weil sie bisher keine Lösung gefunden hatten. Euler interessierte sich für das Problem, weil es sehr einfach aussah, aber er konnte es mit keinem ihm bekannten Gebiet der Mathematik in Verbindung bringen. Man konnte es nicht mit einer Rechnung lösen. Es sah aus wie ein geometrisches Problem; aber das war es auch nicht, denn es kamen darin keine Längen, Geraden, Winkel, o.ä. vor.

Was macht ein Mathematiker, wenn er auf ein neuartiges Problem trifft und keine Lösungsmethode kennt? – Er versucht zuerst, das Wesentliche an dem Problem zu formulieren und alles Unwesentliche wegzulassen.

Bei dem Königsberger Problem spielt es offenbar keine Rolle, wie lang die Brücken sind, oder wie weit sie voneinander entfernt sind. Es kommt nur darauf an, welche Landstücke durch wie viele Brücken verbunden sind. Es gibt insgesamt vier Landstücke: die beiden Flussufer und die beiden Inseln. Euler bezeichnete diese Landstücke mit den Buchstaben A, B, C und D. Wir können das Problem also vereinfacht so zeichnen:

Statt Wege zu zeichnen, können wir jetzt einfach Buchstaben schreiben: Z.B. ACD bedeutet, dass ich zuerst über eine Brücke von A nach C gehe, dann über eine Brücke von C nach D. Wenn ein Weg alle sieben Brücken enthalten soll, dann brauchen wir eine Folge von acht Buchstaben, um ihn zu beschreiben. (Überlege: Warum brauchen wir einen Buchstaben mehr als Brücken?) – Da es zwei Brücken von A nach C gibt, müssen in dieser Buchstabenfolge zweimal die Buchstaben A und C nebeneinander stehen. Ebenso zweimal A und B; dazu einmal A und D, einmal B und D, und einmal C und D.

Also sagte Euler: Unser Problem besteht jetzt einfach aus der Frage, ob es möglich ist, eine solche Buchstabenfolge zu finden.

Nun kommt die geniale Überlegung, mit der Euler die Antwort fand:

Betrachten wir z.B. das Ufer C. Drei Brücken führen zu diesem Ufer. Das bedeutet, dass wir auf unserem Spaziergang zweimal zu diesem Ufer kommen: Entweder fängt der Spaziergang hier an, und ein zweites Mal können wir kommen und über die dritte Brücke weggehen. Oder wir fangen woanders an, kommen nach C und gehen wieder. Dann müssen wir zuletzt über die dritte Brücke kommen und sind also auch ein zweites Mal in C:

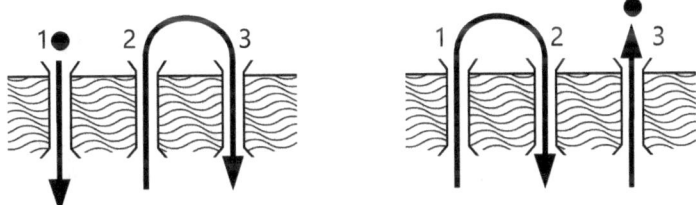

Dasselbe gilt aber auch für das Ufer B und die Insel D: Wir müssen auch zweimal nach B kommen und zweimal nach D. – Die Insel A dagegen hat fünf Brücken. Wir können zweimal kommen und wieder gehen (das sind vier Brücken), und dann müssen wir noch ein drittes Mal nach A kommen.

Unsere Buchstabenfolge muss also den Buchstaben A dreimal enthalten, und die Buchstaben B, C und D je zweimal. Zähle zusammen: das macht zusammen *neun* Buchstaben! Das bedeutet: Es gibt keine Folge von *acht* Buchstaben, die unsere Bedingungen erfüllt.

Wir können uns fragen, warum man sagt, Euler habe dieses Problem "gelöst", wo es doch gar keine Lösung gibt. Der springende Punkt ist, dass die Einwohner von Königsberg sich in einer Ungewissheit befanden: Gibt es eine Lösung, oder gibt es keine? Euler *bewies*, dass es keine Lösung gibt, und damit machte er dieser Ungewissheit ein Ende.

Noch mehr: Euler zeigte auch, wie man seine Methode auf *alle* Probleme dieser Art anwenden kann, und wie man sofort sehen kann, ob es eine Lösung gibt oder nicht. Er begründete damit ein ganz neues Gebiet der Mathematik, nämlich die *Topologie* oder *"Graphentheorie"*. Die Topologie befasst sich mit denjenigen Eigenschaften von Figuren, die nicht von ihren Maßen oder Formen abhängen, sondern nur von ihren "Verknüpfungen" untereinander. Mit anderen Worten, jene Eigenschaften, die auch dann erhalten bleiben, wenn wir die Figuren verkrümmen und verzerren.

Später fand Euler noch eine einfachere Art, seinen Beweis zu formulieren. (Du wirst das bei deinen Forschungen auch erleben, dass du es zuerst auf eine etwas komplizierte Weise machst, und dann feststellst, dass es auch einfacher geht.) Das ist die Art und Weise, wie es heutzutage normalerweise erklärt wird:

Sieh nochmals die obigen Zeichnungen vom Ufer C an. Du siehst, dass dieses Ufer entweder der *Anfang* oder das *Ende* unseres Spaziergangs sein muss. Wir können nicht zweimal hierherkommen und wieder gehen, ohne die Spielregel zu verletzen: wir müssten über eine der Brücken weggehen, die wir bereits benutzt haben.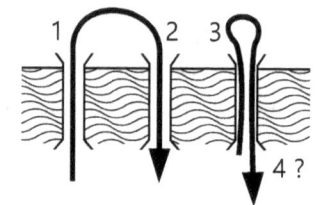

Aufgabe B2: Führe Eulers Überlegung zu Ende:
a) Was bedeutet das Gesagte für die anderen Ufer und Inseln? Und was folgt daraus für den ganzen Spaziergang?

b) Kannst du diese Überlegung verallgemeinern für *irgendeine* Kombination von Inseln und Brücken? In welchen Fällen ist ein Spaziergang nach den Regeln von Königsberg möglich, in welchen nicht?

Nun haben mathematische Prinzipien manche Anwendungen in unterschiedlichen Zusammenhängen. Das gilt auch für Eulers Entdeckung über die Brücken von Königsberg. Anstelle von Landstücken und Brücken könnten wir z.B. Punkte und Linien auf dem Papier untersuchen. Dann haben wir eine Aufgabe, wie sie in manchen Denkaufgabensammlungen vorkommt: "Zeichne diese Figur mit einer ununterbrochenen Linie, ohne den Bleistift abzusetzen und ohne zweimal über dieselbe Linie zu fahren!" Zusätzlich kann noch verlangt werden, dass sich die Linien auch nicht überkreuzen. Links ein Beispiel und seine Lösung.

Aufgabe B3: a) Versuche es mit den folgenden Figuren:

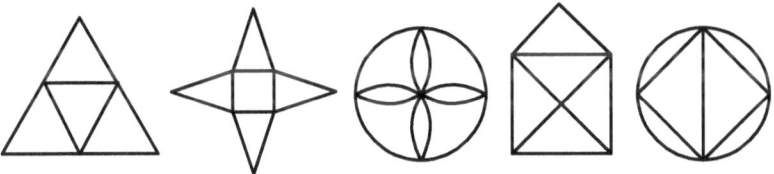

b) Erfinde weitere Figuren und versuche sie mit einer ununterbrochenen Linie zu zeichnen. Aber wie bei den Königsberger Brücken gibt es Figuren, für die es keine Lösung gibt!

c) Versuche es nun mit den folgenden Figuren. Zeichne sie mit einer ununterbrochenen Linie, oder beweise, dass es unmöglich ist:

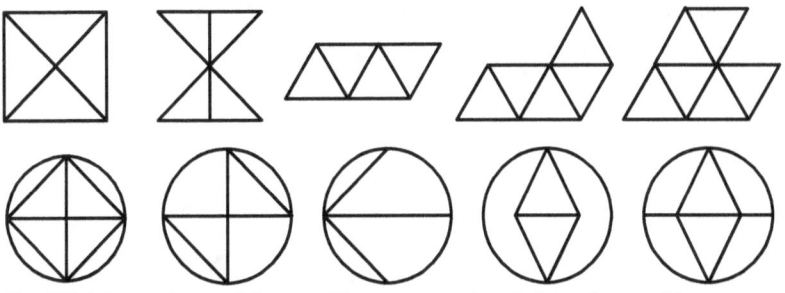

d) Welche der obigen Figuren entspricht dem Plan von Königsberg?

Aufgabe B4: Kehren wir zum Plan von Königsberg zurück. Untersuche, was geschieht, wenn eine zusätzliche Brücke gebaut wird. Würde das Problem dadurch lösbar? Oder *wo* müsste die zusätzliche Brücke gebaut werden, damit das Problem lösbar wird?

Aufgabe B5: Nennen wir ein Landstück, zu dem eine gerade Anzahl Brücken führt, einen "geraden Knoten"; und ein Landstück mit einer ungeraden Anzahl Brücken einen "ungeraden Knoten". (Statt Landstücke und Brücken können es auch Punkte und Linien auf dem Papier sein.) Bei Aufgabe B2 wirst du festgestellt haben, dass die Antwort mit "gerade oder ungerade" zusammenhängt. Königsberg z.B. hat vier ungerade Knoten und keinen geraden.

Nun die Frage: Gibt es auch Figuren mit drei ungeraden Knoten? oder mit fünf ungeraden Knoten? – Zeichne ein Beispiel, oder beweise, dass es unmöglich ist.

Anm: Hauptsächliche Quelle zum historischen Teil:

Teo Paoletti, College of New Jersey: "Leonard Euler's Solution to the Königsberg Bridge Problem"

Veröffentlicht im Internet bei *http://www.maa.org/press/ periodicals/convergence/leonard-eulers-solution-to-the-konigsberg-bridge-problem-konigsberg*

Bild: Königsberg zur Zeit Eulers. (Quelle: Wikimedia Commons)

Mathematische Entdeckungsreise:

C. Erforsche die Multiplikation

Vorbemerkung:

Diese "Entdeckungsreise" besteht aus "Experimenten" und Beobachtungsaufgaben im Zusammenhang mit der Multiplikationstabelle. Die Schüler sollten wenn möglich die figürlichen Beispiele mit Cuisenaire-Stäbchen nachlegen und selber weitere ähnliche Beispiele erfinden.

Dieses Kapitel enthält viele vorgegebene Anweisungen in der Art von Schulbuchaufgaben. Das Wichtigste ist aber nicht, die verlangten Zahlen aufzuschreiben oder Muster zu zeichnen, sondern diese dann zu beobachten und ihre besonderen Eigenschaften herauszufinden.

Aufgabe C1: Die Zweierreihe

a) Vervollständige die Zweierreihe nach dem folgenden Schema:

$0 \times 2 =$ __	$5 \times 2 =$ __ __	$10 \times 2 =$ __ __	$15 \times 2 =$ __ __
$1 \times 2 =$ __	$6 \times 2 =$ __ __	$11 \times 2 =$ __ __	$16 \times 2 =$ __ __
$2 \times 2 =$ __	$7 \times 2 =$ __ __	$12 \times 2 =$ __ __	$17 \times 2 =$ __ __
$3 \times 2 =$ __	$8 \times 2 =$ __ __	$13 \times 2 =$ __ __	$18 \times 2 =$ __ __
$4 \times 2 =$ __	$9 \times 2 =$ __ __	$14 \times 2 =$ __ __	$19 \times 2 =$ __ __

Beobachte die Einerziffern der Ergebnisse. Was geschieht von 5 x 2 an?

b) Im Diagramm rechts verbinde die Punkte in der Reihenfolge, welche die Einerziffern der Zweierreihe durchlaufen. Beobachte das Ergebnis und ziehe Schlussfolgerungen:

Wenn wir die Zweierreihe bis 100 x 2 weiterführten, oder noch weiter, könnte darin irgendwo eine Zahl vorkommen, die mit 3 endet? oder mit 9?

Kann es eine Zahl geben, die mit 4 endet und *nicht* in der Zweierreihe ist? – Wenn nicht, warum nicht?

c) Überprüfe, ob du es verstanden hast. Kannst du von den folgenden Zahlen schnell und einfach angeben, ob sie Vielfache von 2 sind (d.h. in der Zweierreihe sind) oder nicht?

28,   35,   72,   130,   227,   494,   865,   970

Aufgabe C2: Die Dreierreihe

a) Schreibe die Dreierreihe auf. Dann zähle bei den zweistelligen Ergebnissen jeweils die beiden Ziffern zusammen. Was beobachtest du?

Beispiele:

$$1 \times 3 = 3, \qquad 3 = 3$$

$$\ldots \qquad\qquad \ldots$$

$$4 \times 3 = 12, \qquad 1 + 2 = 3$$

$$5 \times 3 = 15, \qquad 1 + 5 = 6$$

$$\ldots \qquad\qquad \ldots$$

$$11 \times 3 = 33, \qquad 3 + 3 = 6$$

$$12 \times 3 = 36, \qquad 3 + 6 = 9$$

$$\ldots \qquad\qquad \ldots$$

Überprüfe mit einigen größeren Zahlen, ob deine Beobachtung dort auch gilt. Gilt sie auch für dreistellige Zahlen?

b) Im Diagramm rechts verbinde die Punkte in der Reihenfolge, welche die Einerziffern der Dreierreihe durchlaufen. Beobachte das Ergebnis und ziehe Schlussfolgerungen:

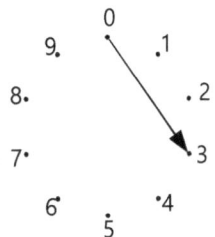

Können wir aus der Endziffer einer Zahl ersehen, ob sie zur Dreierreihe gehört oder nicht? – Wenn ja, wie? – Wenn nein, warum nicht?

c) Überprüfe, ob du es verstanden hast. Kannst du von den folgenden Zahlen schnell und einfach angeben, ob sie Vielfache von 3 sind (d.h. in der Dreierreihe sind) oder nicht?

46, 51, 75, 83, 130, 159, 288, 499, 897

Aufgabe C3: Das Kommutativgesetz

Bilde die folgenden beiden Rechtecke mit Cuisenaire-Stäbchen:

Lege die Rechtecke aufeinander. Was beobachtest du?

Schreibe die Multiplikationen auf, die von diesen Rechtecken dargestellt werden.

Kannst du auch die folgenden Rechtecke auf eine zweite Art legen?

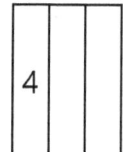

Schreibe auch hier die entsprechenden Multiplikationen auf.

Was kannst du daraus schließen?

Aufgabe C4: Die Viererreihe

a) Schreibe nochmals die Zweierreihe auf. Schreibe daneben die Viererreihe, aber in Abständen, so wie hier:

$0 \times 2 =$ ___ $0 \times 4 =$ ___
$1 \times 2 =$ ___
$2 \times 2 =$ ___ $1 \times 4 =$ ___
$3 \times 2 =$ ___
$4 \times 2 =$ ___ $2 \times 4 =$ ___
$5 \times 2 =$ ___
$6 \times 2 =$ ___ $3 \times 4 =$ ___
$\cdots$ $\cdots$

Was beobachtest du? Was schließt du daraus?

b) Im Diagramm rechts verbinde die Punkte in der Reihenfolge, welche die Einerziffern der Viererreihe durchlaufen. Beobachte das Ergebnis und ziehe Schlussfolgerungen:

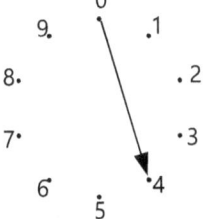

Mit was für Ziffern können die Zahlen der Viererreihe enden? - Sind *alle* Zahlen, die so enden, Vielfache von 4?

Aufgabe C5: Die Fünferreihe

a) Schreibe die Fünferreihe auf. Schreibe daneben die Zehnerreihe, aber in Abständen, so wie hier:

$0 \times 5 = \underline{\quad}$ $\qquad 0 \times 10 = \underline{\quad}$

$1 \times 5 = \underline{\quad}$

$2 \times 5 = \underline{\quad}$ $\qquad 1 \times 10 = \underline{\quad}$

$3 \times 5 = \underline{\quad}$

$4 \times 5 = \underline{\quad}$ $\qquad 2 \times 10 = \underline{\quad}$

$5 \times 5 = \underline{\quad}$

$6 \times 5 = \underline{\quad}$ $\qquad 3 \times 10 = \underline{\quad}$

$\dots \qquad\qquad \dots$

Was beobachtest du? Was schließt du daraus?

b) Im Diagramm rechts verbinde die Punkte in der Reihenfolge, welche die Einerziffern der Fünferreihe durchlaufen. Beobachte das Ergebnis und ziehe Schlussfolgerungen:

Woran können wir die Vielfachen von 5 erkennen?

```
              0
    9      ·       .1
  8·                  .2
    7·              ·3
      6·        ·4
          5
```

c) Wenn wir eine *gerade* Zahl mit 5 multiplizieren, was für eine besondere Eigenschaft hat dann das Ergebnis?

Und wenn wir eine *ungerade* Zahl mit 5 multiplizieren, was für eine besondere Eigenschaft hat dann das Ergebnis?

d) Überprüfe: Kannst du von den folgenden Zahlen schnell und einfach angeben, ob sie Vielfache von 5 sind?

82, 90, 115, 225, 522, 552, 730

Aufgabe C6: Wir malen Vielfache an

a) Male in den folgenden Zahlentabellen alle Felder mit Vielfachen von 2 gelb aus, alle Vielfachen von 3 blau, alle Vielfachen von 4 rot. (Du wirst dabei einige Felder mit zwei oder sogar drei Farben anmalen müssen, sodass sie sich mischen.)

1	2	3	4	5	6	7	8	9	10
11	12	13	14	15	16	17	18	19	20
21	22	23	24	25	26	27	28	29	30
31	32	33	34	35	36	37	38	39	40

1	2	3	4	5	6	7	8	9
10	11	12	13	14	15	16	17	18
19	20	21	22	23	24	25	26	27
28	29	30	31	32	33	34	35	36

1	2	3	4	5	6	7	8
9	10	11	12	13	14	15	16
17	18	19	20	21	22	23	24
25	26	27	28	29	30	31	32

Beobachte und ziehe Schlussfolgerungen. Z.B:

Warum werden die Muster so regelmäßig?

Was für Eigenschaften haben die Felder, die grün geworden sind (d.h. die sowohl die gelbe als auch die blaue Farbe erhielten)?

Warum sind alle roten Felder mit anderen Farben vermischt?

Woher kommen die gleichfarbigen senkrechten Streifen? Und warum sind sie in der zweiten Tabelle blau, in der dritten aber gelb und orange? Was für einen Einfluss hat die Breite der Tabelle auf das Muster, das entsteht?

1	2	3	4	5
6	7	8	9	10
11	12	13	14	15
16	17	18	19	20
21	22	23	24	25
26	27	28	29	30

b) Male in der Tabelle rechts die Vielfachen von 4 rot, die Vielfachen von 5 gelb, die Vielfachen von 6 blau.

Mache ähnliche Beobachtungen und Schlussfolgerungen wie in Teil a).

Würde man diese Tabelle fortsetzen, welches wäre dann die erste Zahl, die alle drei Farben erhielte? (Wenn du diese Frage nicht beantworten kannst, dann probiere es aus!)

Aufgabe C7: Die Sechserreihe

$0 \times 3 =$___ $0 \times 6 =$___

$1 \times 3 =$___

$2 \times 3 =$___ $1 \times 6 =$___

$3 \times 3 =$___

$4 \times 3 =$___ $2 \times 6 =$___

$5 \times 3 =$___

$6 \times 3 =$___ $3 \times 6 =$___

...   ...

a) Schreibe nochmals die Dreierreihe auf. Schreibe daneben die Sechserreihe, aber in Abständen, so wie links.

Was beobachtest du? Was schließt du daraus?

b) Im Diagramm rechts verbinde die Punkte in der Reihenfolge, welche die Einerziffern der Sechserreihe durchlaufen. Beobachte das Ergebnis und ziehe Schlussfolgerungen. Vergleiche dieses Muster mit dem Muster, das bei der Viererreihe entstand. Was beobachtest du? Kannst du erklären, *warum* es so herauskommt?

```
        0
   9.   .   .1
 8.            .2
 7.            .3
   6.      .4
        5
```

c) Markiere in der folgenden Tabelle, ob diese Zahlen Vielfache von 2, von 3, bzw. von 6 sind:

von 2	3	6		von 2	3	6
22 ☐	☐	☐		40 ☐	☐	☐
27 ☐	☐	☐		42 ☐	☐	☐
30 ☐	☐	☐		84 ☐	☐	☐
36 ☐	☐	☐		87 ☐	☐	☐
37 ☐	☐	☐		89 ☐	☐	☐

Beobachte das Muster der Markierungen. Wodurch unterscheiden sich die Vielfachen von 6 von den übrigen Zahlen? Wie kannst du also schnell herausfinden, ob eine Zahl ein Vielfaches von 6 ist?

Übe mit den folgenden Zahlen:
115, 156, 222, 213, 236, 270, 369

Aufgabe C8: Das Assoziativgesetz

Lege das Rechteck unten links mit Cuisenaire-Stäbchen. Dann ersetze jedes Viererstäbchen durch zwei Zweierstäbchen (mittleres Bild). Dann lege die Stäbchen um, so wie im letzten Bild:

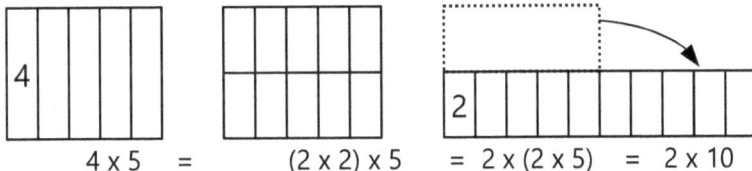

$$4 \times 5 \quad = \quad (2 \times 2) \times 5 \quad = \quad 2 \times (2 \times 5) \quad = \quad 2 \times 10$$

Beobachte die dazugehörigen Operationen. Die Stäbchen zeigen dir, warum (2 x 2) x 5 gleich viel ist wie 2 x (2 x 5). Das ist das *Assoziativgesetz*. "Assoziieren" heißt "verbinden" oder "zusammenfassen". Wir können die Faktoren auf verschiedene Arten zusammenfassen, und das Ergebnis ändert sich nicht.

Lege auch das folgende Beispiel mit Stäbchen. Hier legen wir zuerst das Rechteck um, und dann ersetzen wir je zwei Fünferstäbchen durch ein Zehnerstäbchen.

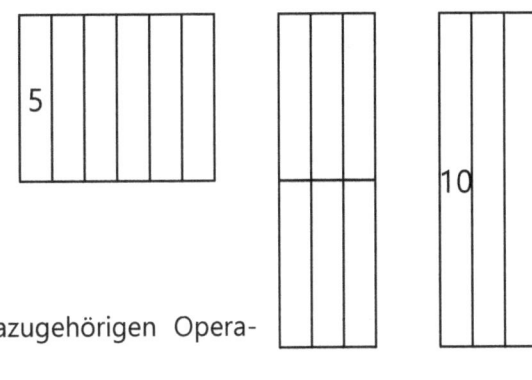

Vergleiche die dazugehörigen Operationen:

$$
\begin{aligned}
5 \times 6 \quad &= \quad 5 \times (2 \times 3) \\
&= \quad (5 \times 2) \times 3 \quad = \quad 10 \times 3
\end{aligned}
$$

a) Erfinde weitere ähnliche Beispiele, lege sie, und schreibe die dazugehörigen Multiplikationen auf.

b) Mit dem Assoziativgesetz können wir also Multiplikationen verwandeln. Manchmal hilft das, um eine unbekannte Multiplikation in eine andere zu verwandeln, die du auswendig weißt. Versuche es mit den folgenden Beispielen:

$2 \times 16 = 4 \times\underline{} = \underline{}$ $5 \times 18 = 10 \times\underline{} = \underline{}$ $3 \times 24 = 9 \times\underline{} = \underline{}$

$3 \times 14 = 6 \times\underline{} = \underline{}$ $4 \times 16 = 8 \times\underline{} = \underline{}$ $2 \times 36 = 8 \times\underline{} = \underline{}$

c) Kannst du auch die folgenden Multiplikationen in einfachere verwandeln?

$5 \times 16 = \underline{}$ $2 \times 28 = \underline{}$ $4 \times 35 = \underline{}$ $15 \times 16 = \underline{}$

$5 \times 28 = \underline{}$ $3 \times 27 = \underline{}$ $8 \times 45 = \underline{}$ $25 \times 14 = \underline{}$

Anmerkung: Das Assoziativgesetz erklärt dir auch, warum wir Zehnerzahlen auf "einfache" Weise multiplizieren dürfen. Ein Beispiel:

$3 \times 40 = 3 \times (4 \times 10) = (3 \times 4) \times 10 = 12 \times 10 = 120$

Aufgabe C9: Wir malen Multiplikationstabellen an

a) Zeichne auf kariertem Papier eine Multiplikationstabelle wie diese:

1	2	3	4	5	6	7	8	9	10
2	4	6	8	10	12	14	16	18	20
3	6	9	12	15	18	21	24	27	30
4	8	12	16	20	24	28	32	36	40
5	10	15	20	25	30	35	40	45	50
6	12	18	24	30	36	42	48	54	60
7	14	21	28	35	42	49	56	63	70
8	16	24	32	40	48	56	64	72	80
9	18	27	36	45	54	63	72	81	90
10	20	30	40	50	60	70	80	90	100

Male darin alle Felder, die gerade Zahlen enthalten, mit einer Farbe an.

Male alle Felder mit ungeraden Zahlen mit einer anderen Farbe an.

Beobachte das entstandene Muster. Warum sieht es so aus?

Warum gibt es in der Tabelle viel mehr gerade als ungerade Zahlen?

Was geschieht, wenn wir zwei gerade Zahlen miteinander multiplizieren? - und wenn wir zwei ungerade Zahlen miteinander multiplizieren? - und eine gerade mit einer ungeraden Zahl?

b) Mache dir eine Tabelle wie bei Frage a). Male in dieser Tabelle alle Vielfachen von 3 mit einer Farbe an.

Warum befinden sich die Vielfachen von 3 genau an diesen Stellen?

Kannst du die genauen Bedingungen nennen, die die Faktoren einer Multiplikation erfüllen müssen, damit das Produkt ein Vielfaches von 3 wird?

c) Mache dir noch eine Multiplikationstabelle, aber nimm dieses Mal die "Nuller-Reihe" dazu. (Das mathematische Kunstwerk sieht dann schöner aus.)

Male in dieser Tabelle alle Zahlen mit einer Farbe an, die mit 5 aufhören.

0	0	0	0	0	...
0	1	2	3	4	...
0	2	4	6	8	...
0	3	6	9		...
...	...	...	...	...

Male alle Zahlen, die mit 0 aufhören, mit einer anderen Farbe an. (Dazu gehört natürlich auch die 0 selber.)

Beobachte das entstandene Muster und erkläre es.

Aufgabe C10: Die Siebnerreihe

a) Zwei Experimente mit Zahlen:
(Links) Zähle die Zweierreihe und die Fünferreihe zusammen. Was kommt dabei heraus?
(Rechts) Zähle von der Zehnerreihe die Dreierreihe weg. Was ist das Ergebnis?

$$2 + 5 = \underline{\hspace{1.5em}} \qquad 10 - 3 = \underline{\hspace{1.5em}}$$
$$4 + 10 = \underline{\hspace{1.5em}} \qquad 20 - 6 = \underline{\hspace{1.5em}}$$
$$6 + 15 = \underline{\hspace{1.5em}} \qquad 30 - 9 = \underline{\hspace{1.5em}}$$
$$8 + 20 = \underline{\hspace{1.5em}} \qquad 40 - 12 = \underline{\hspace{1.5em}}$$
$$10 + 25 = \underline{\hspace{1.5em}} \qquad 50 - 15 = \underline{\hspace{1.5em}}$$

$\ldots$ $\ldots$

Kannst du erklären, warum die Ergebnisse so herauskommen?

b) Im Diagramm rechts verbinde die Punkte in der Reihenfolge, welche die Einerziffern der Siebnerreihe durchlaufen. Beobachte das Ergebnis.
Gleicht es dem Muster einer der früheren Reihen? Welchem? Warum kommt es so heraus?

Aufgabe C11: Gib 8, was die 8er-Reihe m8 !

.5

6·   ·4

7·   ·3

8·   ·2

9·   0 ·1

9·   ·1

8·   ·2

7·   ·3

6·   ·4
.5

a) Im Diagramm links verbinde die Punkte in der Reihenfolge, welche die Einerziffern der Achterreihe durchlaufen. – Nachdem du mit einem Kreis fertig bist, benütze auch den anderen Kreis. (Warum? Nur aus ästhetischen Gründen. Da wir bei der Achterreihe sind, muss auch dieses Diagramm etwas mit der 8 zu tun haben ...)

b) Im Diagramm rechts betrachte Einer- und Zehnerziffern separat. Vervollständige die Operationen in den Kreisen. Sie geben an, mit was für einer Operation man jeweils von einer Ziffer zur nächsten kommt. Was stellst du fest? Kannst du diese Beobachtung erklären?

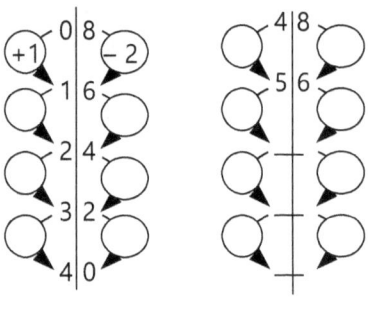

c) Zähle Zahlen aus der Achterreihe zusammen. Z.B:

16 + 24 = ___   56 + 8 = ___   32 + 40 = ___   64 + 24 = ___

Zähle auch Zahlen aus der Achterreihe voneinander weg. Z.B:

32 – 24 = ___   72 – 32 = ___   48 – 32 = ___   96 – 32 = ___

Was für eine besondere Eigenschaft haben alle Ergebnisse? Kannst du erklären warum?

Aufgabe C12: Das Distributivgesetz

Lege das nachstehende Rechteck aus Cuisenaire-Stäbchen:

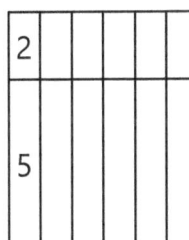

Wir können die beiden Teil-Rechtecke separat als Multiplikationen schreiben: Oben haben wir 6 x 2, unten haben wir 6 x 5. Das gesamte Rechteck beträgt dann:

$$(6 \times 2) + (6 \times 5) = 12 + 30 = 42.$$

Wir können aber auch zuerst die Gesamthöhe des ganzen Rechtecks bestimmen: 2 + 5 = 7. Dann können wir es folgendermaßen ausrechnen:

$$6 \times (2 + 5) = 6 \times 7 = 42.$$

Das Ergebnis ist natürlich beide Male gleich, denn es handelt sich ja um dasselbe Rechteck.

Dieses mathematische Gesetz wird *Distributivgesetz* genannt. ("to distribute" = "verteilen". Die Multiplikation mit 6 "verteilt" sich sozusagen auf beide Summanden.)

Du siehst, das ist die Erklärung für das "Experiment" in Aufgabe C10, wo wir die Zweierreihe und die Fünferreihe zusammen-zählten.

a) Kannst du nun auf ähnliche Weise auch das andere "Experiment" von Aufgabe C10 erklären, wo wir von der Zehnerreihe die Dreierreihe wegzählten? Lege ein Beispiel mit Stäbchen und schreibe die entsprechenden Operationen auf.

b) Erkläre ebenso Aufgabe C11, Frage c) – falls du es nicht schon getan hast.

c) Das Distributivgesetz wird vor allem zum Multiplizieren größerer Zahlen benötigt. Zum Beispiel:

$$8 \times 26 = 8 \times (20 + 6) = (8 \times 20) + (8 \times 6) = 160 + 48 = 208.$$

Stelle eigene Beispiele auf und rechne sie. Du kannst sie auch mit Cuisenaire-Stäbchen darstellen.

Aufgabe C13: Die Neunerreihe

a) Zähle von der Zehnerreihe die Einerreihe weg. Beobachte die Ergebnisse:

$$10 - 1 = \underline{\quad}$$
$$20 - 2 = \underline{\quad}$$
$$30 - 3 = \underline{\quad}$$
$$40 - 4 = \underline{\quad}$$
$$50 - 5 = \underline{\quad}$$
. . .

b) Schreibe die Neunerreihe auf. Dann zähle bei den mehrstelligen Ergebnissen jeweils die Ziffern zusammen. Was beobachtest du?

Beispiele:

$$1 \times 9 = 9, \qquad 9 = 9$$
$$2 \times 9 = 18, \qquad 1 + 8 = 9$$
. . .   . . .
$$9 \times 9 = 81, \qquad 8 + 1 = 9$$
$$10 \times 9 = 90, \qquad 9 + 0 = 9$$
$$11 \times 9 = 99, \qquad 9 + 9 = 18$$

. . .   . . .

Überprüfe mit einigen größeren Zahlen, ob deine Beobachtung dort auch gilt. Gilt sie auch für dreistellige Zahlen?

c) Im Diagramm rechts verbinde die Punkte in der Reihenfolge, welche die Einerziffern der Neunerreihe durchlaufen. Beobachte das Ergebnis.

$$\begin{matrix} & & 0 & & \\ 9. & & \cdot & & .1 \\ 8. & & & & .2 \\ 7\cdot & & & & \cdot 3 \\ & 6 & & \cdot 4 & \\ & & 5 & & \end{matrix}$$

d) Kannst du von den folgenden Zahlen schnell und einfach angeben, ob sie Vielfache von 9 sind oder nicht?

146, 159, 171, 209, 279, 288, 315, 399

Aufgabe C14: Wir malen nochmals Multiplikationstabellen an

Zeichne vier Multiplikationstabellen wie bei Aufgabe C9.

Male in der ersten Tabellen alle Zahlen mit einer Farbe an, die mit 2 aufhören. Male mit einer anderen Farbe alle Zahlen an, die mit 8 aufhören.

Male in der zweiten Tabellen alle Zahlen mit einer Farbe an, die mit 4 aufhören. Male mit einer anderen Farbe alle Zahlen an, die mit 6 aufhören.

Male in der dritten Tabellen alle Zahlen mit einer Farbe an, die mit 3 aufhören. Male mit einer anderen Farbe alle Zahlen an, die mit 7 aufhören.

Male in der vierten Tabellen alle Zahlen mit einer Farbe an, die mit 1 aufhören. Male mit einer anderen Farbe alle Zahlen an, die mit 9 aufhören.

a) Beobachte die entstandenen Muster. Wenn du es richtig gemacht hast, wirst du feststellen, dass sie symmetrisch sind. Warum?

b) Du kannst auch sehen, dass jeweils beide Farben nötig sind, damit die Symmetrie vollständig ist. Warum ergänzen sich die Felder der beiden Farben auf diese Weise?

c) In den ersten beiden Tabellen sind mehr Zahlen farbig als in den letzten beiden. Warum?

Aufgabe C15: Die Elferreihe

a) Zähle die Zehnerreihe und die Einerreihe zusammen. Fahre fort bis mindestens 120 + 12. Beobachte die Ergebnisse:

$$10 + 1 = \underline{}$$

$$20 + 2 = \underline{}$$

$$30 + 3 = \underline{}$$

$$40 + 4 = \underline{}$$

$$50 + 5 = \underline{}$$

. . .

Kann dir das helfen, dir auch jene Zahlen der Elferreihe zu merken, die nicht mehr "einfach" sind (d.h. 10 x11, 11 x 11, 12 x 11)?

b) Beobachte, was geschieht, wenn wir eine zweistellige Zahl mit 11 multiplizieren:

$$25 \times 11 \;=\; 25 \times (10 + 1) \;=\; (25 \times \underline{}) + (25 \times \underline{})$$

$$=\; \underline{} + \underline{} \;=\; \underline{}$$

Wenn du mit der ursprünglichen Zahl (25) vergleichst: Woher kommen im Ergebnis die Hunderter? Woher die Zehner? Woher die Einer?

Beobachte die folgende "vereinfachte" Methode:

$$2\,5 \; \overset{2+5=}{\longrightarrow}\!(\times 11) \longrightarrow 2\overset{7}{5}$$

Du musst also nur die Summe der beiden Ziffern zwischen die Ziffern schreiben.

Diese Methode funktioniert offenbar nur, wenn die Summe der Ziffern kleiner als 10 ist. Wie kannst du sie abändern, dass sie für Zahlen funktioniert, wo die Ziffernsumme größer ist? - Und findest du auch eine ähnliche Methode, um drei- und mehrstellige Zahlen mit 11 zu multiplizieren?

Aufgabe C16: Die Zwölferreihe

a) Im untenstehenden Diagramm betrachte Einer- und Zehnerziffern separat. Vervollständige die Operationen in den Kreisen. Sie geben an, mit was für einer Operation man jeweils von einer Ziffer zur nächsten kommt. Was stellst du fest? Kannst du diese Beobachtung erklären?

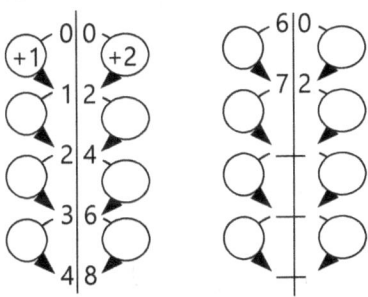

b) Die folgenden Multiplikationen kannst du auf einfache Weise in Multiplikationen mit 12 verwandeln:

6 x 18 = 12 x___ = ___   4 x 33 =____

4 x 18 = 12 x___ = ___   3 x 36 =____

3 x 28 = 12 x___ = ___   6 x 24 =____

Finde weitere ähnliche Beispiele.

c) Vervollständige die untenstehende Zahlentabelle. (Das ist keine Multiplikationstabelle, sondern fortlaufende Zahlen.)
Male die Vielfachen von 8 blau an, die Vielfachen von 10 gelb, die Vielfachen von 12 rot.

Beobachte und untersuche das entstandene Muster. Was kannst du entdecken?

Was für Eigenschaften haben die Zahlen, die mit mehreren Farben angemalt wurden?

Warum ist die erste "violette" Zahl (blau + rot) nicht 8 x 12 = 96 ?

1	2	3	4	5	6	7	8	9	10
11	12	13	14	15	16	17	18	19	20
21	22	23	24	25	26	27	28	29	30
31	32	33	34	35	...	...	...	...	40
41	42								50
51									60
61									
71									
81									
91									100
101									
111									120

Mathematische Entdeckungsreise:

D. Die Figurenzahlen der Pythagoräer

Erforderliche Vorkenntnisse:
- Grundoperationen
- Einfache geometrische Figuren und Körper (Rechteck, Dreieck, Würfel, ...)

Themen, die im Lauf dieser Entdeckungsreise erarbeitet werden:
- Primzahlen und zusammengesetzte Zahlen; Teiler
- Einige Eigenschaften von Quadratzahlen, Dreieckszahlen, Kubikzahlen, usw.

Pythagoras war ein altgriechischer Philosoph und Mathematiker, der eine Art Geheimgesellschaft gründete: Seine Schüler und Mitarbeiter mussten sich verpflichten, die Entdeckungen, die sie in ihrem Kreis machten, keinem Außenstehenden zu verraten. Das war eigentlich sehr schade; denn wäre es nach dem Willen von Pythagoras gegangen, dann wüssten wir bis heute nichts von ihren mathematischen Errungenschaften.

Seine Geheimgesellschaft löste sich aber in einer späteren Zeit auf. Zum Glück für die Mathematik; denn die übriggebliebenen Anhänger begannen ihr Wissen zu veröffentlichen. Man nimmt an, dass viele der Lehrsätze, die Euklid in seinem berühmten Buch "Elemente" zusammenstellte, ursprünglich von den Pythagoräern entdeckt worden waren.

Eine der Beschäftigungen der Pythagoräer bestand darin, aus Steinchen verschiedene Figuren zu legen und deren Eigenschaften zu untersuchen, je nach der Anzahl Steinchen, die darin vorkamen, und ihrer Anordnung. Die Gewohnheit, zum Rechnen Steinchen zu verwenden, wurde später auch von den Römern übernommen. Von daher stammt unser Wort "kalkulieren" (rechnen), denn das lateinische Wort "calculus" bedeutet "Steinchen".

Für die nachfolgenden Forschungen wirst du also eine größere Anzahl Steinchen benötigen. Du kannst stattdessen auch Maiskörner, Holzwürfelchen, oder ähnliches Material verwenden.

Du wirst feststellen, dass du – mit ein wenig Anleitung – manche der "Geheimnisse" der Pythagoräer ohne weiteres selber entdecken kannst. Mathematik ist in Wirklichkeit keine Geheimwissenschaft, sondern einfach das Ergebnis logischen Denkens. Das kannst du auch!

Aufgabe D1: Rechtecke und Primzahlen

a) Nimm eine Anzahl Kieselsteine oder gleich große Holzwürfelchen. Versuche daraus ein (ausgefülltes) Rechteck zu bilden. Eine lange Reihe, die nur ein Würfelchen breit ist, gilt dabei nicht – obwohl das streng genommen auch ein Rechteck wäre. Falls du keine Lösung finden solltest, nimm noch ein Würfelchen dazu oder nimm eins weg. – Kannst du eine Rechnung aufstellen, die dein Rechteck beschreibt und als Ergebnis die Anzahl der Würfelchen im Rechteck liefert?

b) Versuche dasselbe mit verschiedenen Anzahlen von Würfelchen. (Probiere z.B. alle Zahlen von 8 bis 20 oder bis 30.) Schreibe die entstehenden Rechnungen auf.

Die alten Griechen nannten die Zahlen, aus denen man ein Rechteck bilden kann, "Rechteckszahlen". Heute nennen wir sie *zusammengesetzte Zahlen*.

Schreibe auch auf, für welche Zahlen du keine Lösung findest, d.h. kein Rechteck bilden kannst. Diese besonderen Zahlen wurden "erste" oder "ursprüngliche" Zahlen genannt. Heute nennen wir sie *Primzahlen*, was etwa dasselbe bedeutet.

Hier einige etwas "schwierigere" Zahlen, für die du ausprobieren kannst, ob du damit ein Rechteck bilden kannst oder ob es Primzahlen sind:

39, 43, 51, 57, 59, 67, 69, 73, 85, 87, 91.

c) Für welche Zahlen findest du *zwei oder mehr* Arten, ein Rechteck zu bilden? (Schreibe sie auf.) Findest du etwas heraus, was diese Zahlen gemeinsam haben?

Die Rechtecke sollten dabei wirklich unterschiedlich sein. Z.B. ein Rechteck, das 3 Würfelchen breit und 5 Würfelchen lang ist, ist nicht wirklich verschieden von einem Rechteck, das 5 Würfelchen breit und 3 Würfelchen lang ist; denn ich kann eines von ihnen drehen, dann ist es gleich wie das andere.

d) Wie kannst du für eine gegebene Zahl die möglichen Rechtecke herausfinden, ohne sie wirklich zu legen (d.h. nur mit Rechnen auf dem Papier, oder im Kopf)? Und wie kannst du auf dieselbe Weise herausfinden, ob eine Zahl eine Primzahl ist?

*e) Wie kannst du *mit möglichst wenigen Versuchen* herausfinden, ob eine Zahl eine Primzahl ist? D.h. findest du eine systematische Methode, mit der du nach einer minimalen Zahl von Operationen mit Sicherheit sagen kannst, ob eine bestimmte Zahl eine Primzahl ist oder nicht?

Aufgabe D2: Quadratzahlen

Die Pythagoräer waren vor allem von Figuren fasziniert, die möglichst *regelmäßig* waren. Die "regelmäßigste" Form eines Rechtecks ist das Quadrat. (Ja, ein Quadrat ist auch zugleich ein Rechteck. Ein Rechteck ist dadurch definiert, dass es vier rechte Winkel hat; und das trifft auf ein Quadrat zweifellos zu.) Untersuchen wir jetzt also ein wenig die Quadratzahlen.

a) Bilde aus Steinchen oder Holzwürfelchen Quadrate mit Seitenlängen von 1, 2, 3, 4, usw, so weit wie du kommst.

```
o       o o     o o o     o o o o     o o o o o
        o o     o o o     o o o o     o o o o o
                o o o     o o o o     o o o o o
                          o o o o     o o o o o
                                      o o o o o   usw.
```

Notiere in einer Tabelle die Seitenlängen und die dazugehörige Gesamtzahl Steinchen im Quadrat. Wie kannst du aus der Seitenlänge direkt die Anzahl der Steinchen ausrechnen?

b) Vergleiche jedes Quadrat mit dem jeweils vorherigen. Was musst du genau für eine Figur zu einem Quadrat dazulegen, damit du das nächste erhältst? Und wieviele Steinchen enthält diese Figur jeweils? Findest du eine Beziehung zwischen dieser Zahl (d.h. der *Differenz* zwischen einem Quadrat und dem nächsten), und der Seitenlänge der beteiligten Quadrate? Wie kannst du also zu einer gegebenen Quadratzahl auf einfache Art die jeweils nächste ausrechnen? – Füge an deine Quadratzahlentabelle eine weitere Kolonne an, in der du diese Differenzen (Unterschiede) notierst.

c) Führe deine Quadratzahlentabelle weiter, z.B. bis zum Quadrat von 30. (Du musst das jetzt nicht mehr alles mit Steinchen legen!) – Wenn du die Antwort auf Frage b) gefunden hast, dann kennst du ja jetzt einen einfachen Weg, diese Quadratzahlen auszurechnen. Untersuche die *Endziffern* der Quadratzahlen. Was für Eigenschaften und Regelmäßigkeiten beobachtest du? – Kannst du aufgrund der gemachten Beobachtungen schnell mit Sicherheit sagen, ob 79468 eine Quadratzahl ist oder nicht?

d) Stelle deine eigenen Untersuchungen an und notiere alle weiteren interessanten Eigenschaften der Quadratzahlen, die du finden kannst. Z.B: Differenzen zwischen den Quadraten von Zahlen, die sich um 2 oder um 3 unterscheiden; Teilbarkeit von Quadratzahlen; Eigenschaften der *beiden* letzten Ziffern von Quadratzahlen; Wann ist ein Vielfaches einer Quadratzahl wiederum eine Quadratzahl?, u.a.

Aufgabe D3: Dreieckszahlen

Eine weitere regelmäßige Figur, die von den Pythagoräern untersucht wurde, war das Dreieck. Dreieckszahlen werden folgendermaßen gebildet:

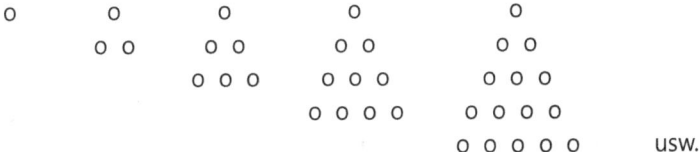

a) Bilde solche Dreiecke aus Steinchen oder Holzwürfelchen. Notiere in einer Tabelle die Seitenlängen und die dazugehörigen Gesamtzahlen der Steinchen im Dreieck. Wie kannst du aus der Seitenlänge die entsprechende Dreieckszahl ausrechnen?

b) Vergleiche jedes Dreieck mit dem jeweils vorherigen. Was musst du genau zu einem Dreieck dazulegen, damit du das nächste erhältst? Wie kannst du also zu einer gegebenen Dreieckszahl die jeweils nächste ausrechnen? – Füge an deine Dreieckszahlentabelle eine weitere Kolonne an, in der du diese Differenzen (Unterschiede) notierst.

c) Führe deine Dreieckszahlentabelle weiter, z.B. bis zu einer Seitenlänge von 30. Untersuche verschiedene Eigenschaften dieser Zahlen. Z.B: Welche sind gerade, welche sind ungerade? – Wie verhalten sich ihre Endziffern? – Usw.

d) Errechne für jede Dreieckszahl die Summe mit ihrer jeweils nachfolgenden Dreieckszahl. (1 + 3 = 4, 3 + 6 = 9, usw.) Was beobachtest du? – Kannst du mit den Steinchen Figuren legen, die diese Beobachtung erklären?

e) Versuche von der dritten Dreieckszahl (6) an die Dreieckszahlen als Multiplikation zu schreiben: 6 = 2 x 3, 10 = 2 x 5, usw. Fahre damit fort, bis du eine Gesetzmäßigkeit findest.

*f) Findest du eine allgemeine Regel, wie jede Dreieckszahl *direkt* errechnet werden kann? – also nicht durch Addition aller vorhergehenden Zahlen?

Aufgabe D4: Weitere Figurenzahlen

Wir könnten jetzt weitere Figuren erfinden. Z.B. könnte man folgendermaßen "Fünfeckszahlen" legen:

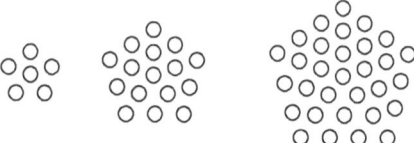

a) Untersuche die Anzahl Steinchen in diesen Fünfecken. Wie kommt man von einer "Fünfeckszahl" zur nächsten? Wie könnte man sie direkt errechnen? Siehst du einen Zusammenhang mit den zuvor untersuchten Zahlen (Quadrat- bzw. Dreieckszahlen)?

b) Erfinde weitere Arten von Figuren, die du mathematisch untersuchen kannst, und beschreibe ihre Eigenschaften.

Aufgabe D5: Dreidimensionale Figurenzahlen

Die Pythagoräer untersuchten nicht nur ebene Figuren, sondern auch dreidimensionale Körper. Mit Steinchen sind diese schwierig zu formen; aber wenn du Holzwürfelchen hast, kannst du mit diesen die folgenden Körper bauen:

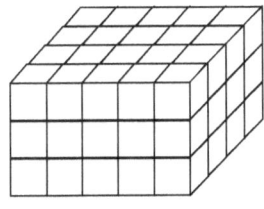

a) Quaderzahlen

Ein Quader (oder "Backstein") ist rechtwinklig, hat aber unterschiedliche Länge, Breite und Höhe. Wenn du diese drei Maße kennst, wie kannst du dann die Anzahl Würfelchen in einem Quader ausrechnen? – Zu welchen zuvor untersuchten Figurenzahlen besteht ein Zusammenhang? – Was für Bedingungen muss eine Zahl erfüllen, damit sie als Quader dargestellt werden kann? – Was kannst du über die Teiler einer Quaderzahl sagen?

b) Kubikzahlen

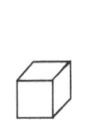 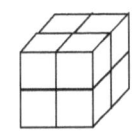 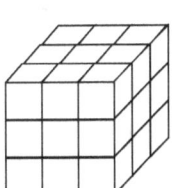 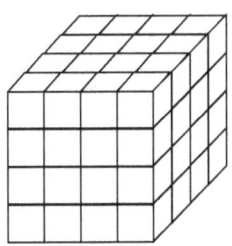

Diese entsprechen einer Würfelform (griechisch "kybos" = "Würfel"). Also Länge, Breite und Höhe sind gleich. Wenn du nun die Seitenlänge eines Würfels kennst, wie kannst du damit ausrechnen, wie viele kleine Würfelchen er enthält? – Untersuche für die Kubikzahlen einige Eigenschaften, wie du sie für die Quadratzahlen untersucht hast (Aufgabe D2): Endziffern, Teilbarkeit, ... – Die Eigenschaften der *Differenzen* von einer Kubikzahl zur nächsten sind etwas schwierig herauszufinden. Aber vielleicht knackst du auch diese Nuss?

c) Pyramidenzahlen

Diese entstehen dadurch, dass Quadrate der Reihe nach aufeinandergelegt werden. Untersuche einige Eigenschaften von Pyramidenzahlen. Erfinde eigene Fragestellungen. Was findest du?

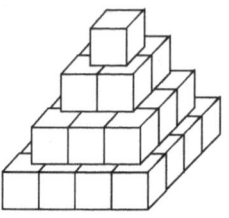

d) Tetraederzahlen

Ein Tetraeder ist eine Pyramide mit dreieckiger Grundfläche. Eine Tetraederzahl besteht also aus aufeinandergelegten Dreieckszahlen.

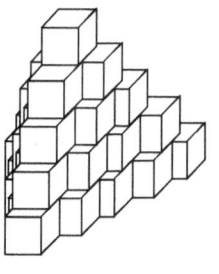

Untersuche einige Eigenschaften von Tetraederzahlen. Als echter Forscher kannst du jetzt sicher einige interessante Fragen dazu stellen. Was findest du?

Vielleicht erfindest du auch neue Arten von dreidimensionalen Figurenzahlen?

Mathematische Entdeckungsreise:

E. Das Dezimalsystem

Erforderliche Vorkenntnisse:
- Zahlenschreibweise im Dezimalsystem
- Grundoperationen
- *(für Abschnitt 3):* Distributivgesetz
- *(für Abschnitt 4):* Bruchrechnen

Themen, die im Verlauf der Entdeckungsreise eingeführt werden:
- Überblick über die Geschichte unserer Zahlenschreibweise
- Multiplikation mit 10, 100, 1000, usw.
- Division durch 10, 100, 1000, usw.
- Multiplikation zweier mehrstelliger Zahlen, moderne und arabische Notation
- Dezimalbrüche; Multiplikation und Division von Dezimalzahlen mit 10, 100, 1000, usw.

1. Die Erfindung des Dezimalsystems

Findest du es schwierig, große Zahlen in Ziffern zu schreiben? Z.B. fünfundzwanzigtausendvierhundertsiebenundfünfzig? – Falls du das schwierig findest, dann bedenke, dass ohne Ziffern das Rechnen noch viel umständlicher wäre. Sieh dir einmal die folgende Multiplikation an:

drei mal vierhundertachtundsechzig

tausendzweihundert und vierundzwanzig und hundertachtzig

gibt tausenddreihundertvierundzehnzig (???)

gibt tausendvierhundertundvier.

Mit Ziffern geht es doch viel einfacher!

Aber wenn wir uns um zweitausend Jahre in die Vergangenheit zurückversetzen, da gab es tatsächlich noch keine Ziffernschrift. Jedenfalls nicht so, wie wir sie kennen. Die Menschen haben zwar schon seit frühester Zeit erkannt, dass es einfacher ist, Zahlen durch kleine Zeichen darzustellen statt durch Worte. Aber diese frühen Zahlenschreibweisen waren längst nicht so praktisch wie unser Dezimalsystem.

Die alten Griechen z.B. benützten Buchstaben als Zahlen. Auf unser deutsches Alphabet übertragen, hätte das so ausgesehen:

1 = A	10 = J	100 = S
2 = B	20 = K	200 = T
3 = C	30 = L	300 = U
4 = D	40 = M	400 = V
5 = E	50 = N	500 = W
6 = F	60 = O	600 = X
7 = G	70 = P	700 = Y
8 = H	80 = Q	800 = Z
9 = I	90 = R	

So würde also z.B. die Zahl 654 als XND geschrieben. Kannst du auf diese Weise mal schnell ausrechnen, wieviel VMG + UQF ist? Ganz schön umständlich, nicht wahr?

Aufgabe E1: Und was für ein anderes großes Problem hätten wir mit dieser Zahlenschreibweise? *(Die Griechen fanden zwar Lösungen dafür, aber nicht besonders praktische.)*

Die alten Römer hatten ein ähnliches System. Nur fanden sie heraus, dass man weniger verschiedene Zeichen braucht, wenn man erlaubt, Zahlzeichen zu wiederholen. Wahrscheinlich kennst du die römischen Zahlen: 1 = I, 2 = II, 3 = III – aber dann wird es ein wenig komplizierter. Um nicht zu viele Einer aneinanderzureihen, gibt es für 5 ein neues Zeichen: 5 = V. Und 4 wird dann als IV geschrieben, 6 aber als VI. Also: Wenn die Eins links von der Fünf steht, dann wird sie weggezählt; aber wenn sie rechts von der Fünf steht, wird sie dazugezählt. Das ist auch nicht besonders praktisch zum Rechnen. Versuche einmal mit römischen Zahlen XLVIII x LXXIV auszurechnen! Kein Wunder, dass damals nur Mathematiker, Buchhalter und andere "professionelle Rechner" mit Zahlen umzugehen wussten.

Erst mehrere Jahrhunderte später wurde in Indien das Dezimalsystem erfunden, das wir heute noch verwenden. Niemand weiß, wann genau und von wem es erfunden wurde. Mit Sicherheit weiß man nur, dass es im 9.Jahrhundert in Gebrauch war, und möglicherweise schon seit dem 6.Jahrhundert.

Schon früher war man auf die Idee gekommen, ein und dasselbe Zahlzeichen für verschiedene Größen zu verwenden, je nach seiner Stellung innerhalb der Zahl. So konnte die Ziffer 2 am Ende einer Zahl 2 Einer bedeuten; aber eine Stelle weiter links konnte sie zwei Zehner bedeuten: 22 = zwei Zehner und zwei Einer. Noch eine Stelle weiter links würde sie 2 Hunderter bedeuten: 222 = 2 Hunderter, 2 Zehner und 2 Einer. Vielleicht hast du schon gehört, dass man vom "Stellenwert" spricht: Die Ziffer 2 hat einen unterschiedlichen *Wert*, je nachdem, an welcher *Stelle* in der Zahl sie steht.

Aufgabe E2: Zum Nachdenken: Schon die Römer hatten mehrere gleichartige Zahlzeichen aneinandergereiht. Was besteht aber für ein Unterschied zwischen der Zahl III in der römischen Schreibweise, und der Zahl 111 im indischen Dezimalsystem? Was machten die Inder anders als die Römer?

Noch fehlte aber etwas Wichtiges: Die Zahl zweihundertundzwei enthält 2 Hunderter und 2 Einer. Man würde das also ebenfalls als 22 darstellen. Wie kann man nun zwischen zweiundzwanzig und zweihundertundzwei unterscheiden?

Du hast sicher gelernt, dass man zweihundertundzwei richtigerweise als 202 schreibt. Du schreibst also nicht nur "2 Hunderter und 2 Einer", sondern du schreibst "2 Hunderter, *null Zehner* und 2 Einer." Was ist aber "null"? Null bedeutet Nichts. Deshalb kam während sehr langer Zeit niemand auf die Idee, dieses "Nichts" aufzuschreiben. Warum sollte man auch ein "Nichts" durch ein "Etwas" darstellen? Es war ein sehr großer Fortschritt in der Mathematik, als man anfing, auch für das "Nichts" ein geschriebenes Zeichen zu gebrauchen.

Das waren also die beiden bahnbrechenden Erfindungen, die miteinander kombiniert werden mussten, um das Dezimalsystem hervorzubringen: Die Stellenwertschreibweise, und das Zeichen für Null.

Übrigens: der Name "*Dezimal*system" kommt vom lateinischen Wort für "zehn". Es wird auch "Zehnersystem" genannt. Die Ziffer ganz rechts in der Zahl bedeutet Einer. Eine Ziffer an der zweiten Stelle von rechts bedeutet Zehner. Und noch eine Stelle weiter links bedeutet sie "zehn Zehner", also Hunderter. Wir sagen: Die Zahl zehn ist die *Basis* unseres Zahlsystems.

Aber muss es unbedingt die Zahl zehn sein? Wir könnten statt mit Zehnern auch mit Siebnern oder mit Zwölfern rechnen. Das Stellenwertsystem würde mit einer anderen Basis genausogut funktionieren. (Z.B. rechnen Computer und Taschenrechner intern mit einem Stellenwertsystem zur Basis 2, dem Zweier- oder

Binärsystem. Nur für die Anzeige werden die binären Zahlen ins Dezimalsystem umgerechnet.)

Aufgabe E3: Was denkst du, warum haben die Inder gerade die Zahl zehn als Basis gewählt? Findest du eine einleuchtende Erklärung dafür?

Nun gäbe es theoretisch eine Möglichkeit, wie das Zehnersystem auch ohne Null funktionieren könnte: nämlich wenn wir zu jeder Zahl zugleich ihren Stellenwert angeben. Z.B. so:

T	H	Z	E
6		8	

Hier können wir sofort sehen, dass diese Zahl 6080 bedeutet, auch ohne dass wir die Nullen in die Tabelle einsetzen. Nur ist es natürlich umständlicher, eine ganze Tabelle zu zeichnen, als lediglich zwei Nullen einzusetzen. Aber für die folgenden Forschungsaufgaben werden wir ab und zu diese Tabellenschreibweise verwenden.

Nach Europa kam das Dezimalsystem übrigens erst im 13.Jahrhundert, also lange Zeit nach seiner Erfindung. Arabische Mathematiker und Kaufleute lernten es in Indien kennen und brachten es von dort nach Nordafrika. Dort wiederum lernten es europäische Geschäftsleute kennen. Der italienische Kaufmann Leonardo von Pisa (auch bekannt unter dem Namen Fibonacci) war so beeindruckt davon, dass er ein dickes Buch über den Gebrauch dieser sogenannten "arabischen Zahlen" schrieb. Richtigerweise sollten sie aber, wie wir gesehen haben, "indische Zahlen" genannt werden.

2. Wir machen uns die Eigenschaften des Dezimalsystems zunutze

Da die Zahl zehn die Basis unseres Zahlensystems ist, sind jene Rechenoperationen besonders einfach, die etwas mit der Zahl zehn zu tun haben. Zum Beispiel die Multiplikation mit 10. Beginnen wir mit irgendeiner Zahl, sagen wir 47. Multiplizieren wir sie mit zehn, dann das Ergebnis wieder mit zehn, usw, und schreiben wir die Ergebnisse in der folgenden Tabelle auf:

	HT	ZT	T	H	Z	E
					4	7
47 x 10 =						
x 10 =						
x 10 =						
x 10 =						

Aufgabe E4

a) Was geschieht mit der Ziffer 4 bei jedem Multiplizieren mit 10? - Was geschieht mit der Ziffer 7 bei jedem Multiplizieren mit 10?

b) In was für eine Größe verwandeln sich die Einer, wenn wir sie mit 10 multiplizieren? In was für Größen verwandeln sich die Zehner, die Hunderter, die Tausender?

c) Nachdem wir die Zahl 47 zweimal hintereinander mit 10 multipliziert haben, mit wie viel haben wir dann insgesamt die Ausgangszahl multipliziert?

d) Wie oft müssten wir mit 10 multiplizieren, um insgesamt mit 100'000 zu multiplizieren? (Prüfe es anhand der Stellenwerttabelle nach.)

Schreiben wir nun dieselben Multiplikationen in normaler Ziffernschreibweise:

```
 47 x 10    = ......
 47 x 100   = ......
 47 x 1000  = ......
 47 x 10000 = ......
```

Bei dieser Schreibweise *sieht es so aus*, als ob wir an die Zahl 47 eine oder mehrere "Nullen anhängen" würden. Wenn du dies aber mit der obigen Stellenwerttafel vergleichst, dann siehst du, dass in Wirklichkeit die Ziffern eine oder mehrere Stellen "nach links rutschen". (Die Nullen sind ja lediglich "Lückenfüller" in der Stellenwerttabelle.) Das ist zu beachten, wenn du später das Verhalten von Dezimalbrüchen verstehen willst.

E4.e) Schreibe als Beispiele einige Multiplikationen mit 10, mit 100, mit 1000 und mit 10000 auf, und rechne sie aus.

Aufgabe E5

a) Lassen wir nun diesen ganzen Vorgang rückwärts laufen. Wenn wir mit der Zahl 470 beginnen, mit was für einer Rechenoperation können wir sie in 47 verwandeln?

b) Beginne mit einer Zahl mit vielen Nullen, und führe diese "Rückwärts-Operation" mehrmals hintereinander aus, so oft wie du kannst. Notiere die Ergebnisse sowohl in einer Stellenwert-tabelle, als auch in Ziffernschreibweise. Was für eine Regel gibt es also zum schnellen Teilen einer Zahl durch 10, durch 100, durch 1000, usw.?

Aufgabe E6

Wie kannst du die gefundenen Gesetze zur Multiplikation mit Zahlen wie 60, 300, 7000 verwenden? Rechne einige Beispiele.

3. "Große" Multiplikationen

Die Erfindung des Dezimalsystems machte es zum ersten Mal für jedermann möglich, große Zahlen miteinander zu multiplizieren. Das ist zwar immer noch eine ziemliche Arbeit, aber viel, viel einfacher als z.B. mit römischen Zahlen.

Ich nehme an, du weißt bereits, wie man eine mehrstellige Zahl mit einer einstelligen Zahl multipliziert. Ausgeschrieben beruht eine solche Multiplikation auf dem Distributivgesetz:

3 x 3713 =	3 x (3000 + 700 + 10 + 3)	= 3 x 3000 + 3 x 700 + 3 x 10 + 3 x 3	= 9000 + 2100 + 30 + 9
			= 11139

Da wir heutzutage so geschickt sind, dass wir schriftliche Rechnungen mit Übertrag ausführen können, so schreiben wir normalerweise eine solche Multiplikation auf einer einzigen Linie:

$$3 \ \times \ 3713$$
$$\underline{\qquad 2 \qquad}$$
$$11139$$

Die Stellenwerte werden dabei automatisch richtig, wenn wir das Ergebnis der Multiplikation mit jeder Ziffer genau unter die entsprechende Ziffer schreiben.

Wie machen wir das aber bei einer Multiplikation von zwei mehrstelligen Zahlen? - Da müssen wir einfach nochmals das Distributivgesetz anwenden! Z.B. so:

543 x 3713 =	(3 + 40 +500) x 3713	= 3 x 3713 + 40 x 3713 + 500 x 3713	= 11139 + 148520 + 1856500
			2016159

Das können wir jetzt beim besten Willen nicht mehr alles auf eine einzige Zeile schreiben. Wir brauchen eine Zeile für die Multiplikation mit 3, eine Zeile für die Multiplikation mit 40, und eine weitere Zeile für die Multiplikation mit 500 – und das müssen wir dann alles zusammenzählen.

```
543 x 3713
      11139
     148520
    1856500
    2016159
```

Die Nullen am Schluss brauchen wir dabei nicht unbedingt zu schreiben. Wir müssen uns lediglich daran erinnern, dass wir auf jeder Zeile eine Stelle weiter nach links rücken. Du erinnerst dich: Eine Multiplikation mit 10 bewirkt, dass alle Ziffern eine Stelle nach links rücken. Wenn wir mit Hundertern multiplizieren, müssen wir zwei Stellen nach links rücken (im Vergleich mit der ursprünglichen Zahl), mit Tausendern drei Stellen, usw.

Aufgabe E7
Mache einige eigene Beispiele von großen Multiplikationen und rechne sie.

Aufgabe E8
Kannst du auch diese Multiplikationen rechnen, ohne dich in den Stellenwerten zu irren?
    a) 205 x 792
    b) 3007 x 2060
    c) 6040 x 5200

Die arabische Notation großer Multiplikationen

Unsere Art, solche Multiplikationen aufzuschreiben, ist keineswegs die einzig mögliche! Die Mathematik hängt nicht daran, wie etwas aufgeschrieben wird, sondern daran, ob die mathematischen Gesetze eingehalten werden. Was ist das mathematische Gesetz einer Multiplikation von zwei mehrstelligen Zahlen? – Wir haben es oben schon angetönt, aber ich möchte es hier nochmals klar ausschreiben: *Wir müssen jede Ziffer der einen Zahl mit jeder Ziffer der anderen Zahl multiplizieren, und den Ergebnissen den richtigen Stellenwert geben.*

Unsere Art, eine Multiplikation aufzuschreiben, ist eine von mehreren Möglichkeiten, dies zu bewerkstelligen. Die Araber gebrauchten eine andere Notation: Von den zwei Faktoren schrieben sie den einen waagrecht und den anderen senkrecht auf. Dazwischen zeichneten sie eine rechteckige Multiplikationstabelle, mit einem Feld für jede Ziffer.

Das bedeutet 137 x 256:

1	3	7	x
			2
			5
			6

Dann zeichneten sie in jedem Feld die Diagonale ein. Daraufhin füllten sie die Multiplikationstabelle aus, und zwar so, dass jeweils die Zehner der Ergebnisse links von der Diagonale standen und die Einer rechts davon. Die Nullen brauchten dabei nicht unbedingt geschrieben zu werden:

1	3	7	x
2	6	1 4	2
5	1 5	3 5	5
6	1 8	4 2	6

Zum Schluss zählten sie die Ziffern zusammen, aber nicht senkrecht, sondern den Diagonalen entlang:

1	3	7	x
2	6	1 4	2
5	1 5	3 5	5
6	1 8	4 2	6

3 5 0 7 2

Aufgabe E9
Warum müssen die Ziffern diagonal zusammengezählt werden und nicht senkrecht?

Aufgabe E10
Rechne einige Multiplikationen mit dieser arabischen Notation und prüfe ihre Richtigkeit.

4. Dezimalbrüche: Die logische Fortsetzung des Dezimalsystems

In der Aufgabe E5 hast du Zahlen durch 10, durch 100 usw. geteilt, "bis es nicht mehr weiterging". Ich nehme an, du hast das so weit gemacht, bis deine Ziffern hinten bei den Einern angekommen sind, denn dort ist ja die Stellenwerttabelle zu Ende. Wenn du aber bereits Bruchrechnen gelernt hast, dann weißt du, dass man die Einer noch in kleinere Teile teilen kann – eben Brüche. Wenn die Einer z.b. Holzwürfel wären, dann könnten wir eine Säge nehmen und jeden Würfel in kleinere Teile zersägen; sagen wir 10 Teile aus jedem Würfel. Jedes Teil wäre dann ein Zehntel.

Wie schreibt man das im Dezimalsystem? – Nun, wir machen einfach auf logische Weise weiter. Wenn wir eine Zahl durch 10 teilen, dann wandert jede Ziffer um eine Stelle nach rechts. Wenn wir also Einer durch 10 teilen, dann wandert die Einerziffer rechts aus der Stellenwerttabelle hinaus. Aber das macht gar nichts, wir können einfach rechts weitere Kolonnen anhängen!
Das ist das Interessante an der Mathematik: sie ist unendlich. Wir brauchen uns von Grenzen nicht aufhalten zu lassen. Wenn wir an eine Grenze stoßen, dann können wir einfach jenseits der Grenze etwas Neues definieren. Wir müssen das nur auf folgerichtige Weise tun, indem wir die alten Gesetze weiterhin gelten lassen. Es muss also gelten: Wenn wir in der Stellenwerttabelle einen Schritt nach rechts tun, dann wird der Stellenwert durch 10 geteilt. Denke schnell nach, bevor du weiterliest: Wieviel beträgt dann der Stellenwert in der Kolonne rechts von den Einern? und zwei Kolonnen rechts von den Einern?

So können wir unbeschränkt viele Kolonnen rechts anhängen und unsere Zahl unbeschränkt oft durch 10 teilen. Wären unsere Einer Holzwürfel, dann wären natürlich die Teile bald so klein, dass wir nur noch Sägemehl hätten. Aber der Mathematik macht das nichts aus, wir können so winzige Teilchen "erfinden" wie wir nur wollen.

	T	H	Z	E	1/10	1/100	1/1000	...
			4	7				...
4700 : 10 =				4	7			...
: 10 =					4	7		...
: 10 =						4	7	...
: 10 =						4	7	...
: 10 =							4	7 ...

Würden wir das in Ziffernschreibweise genau so schreiben, wie es dasteht, dann hätten wir aber ein Problem: Wenn einfach 47 dastünde, dann wüssten wir nicht, ob das nun 47 Einer sind oder 47 Zehntel oder Hundertstel oder Tausendstel oder noch kleinere Teile. Wir müssen unbedingt markieren, wo die Einer (also die ganzen Zahlen) aufhören und die Brüche anfangen. Wir tun das, indem wir zwischen Einer und Zehntel ein Komma schreiben. Außerdem müssen wir auch bei Dezimalbrüchen mit Nullen auffüllen, wo es nötig ist. Die obigen Zahlen werden also so geschrieben:

4700
470
47
4,7   (4 Einer und 7 Zehntel,   bzw. 47 Zehntel)
0,47   (4 Zehntel und 7 Hundertstel,   bzw. 47 Hundertstel)
0,047   (4 Hundertstel und 7 Tausendstel,
          bzw. 47 Tausendstel)

Nun müssen wir verstehen, dass die "Bruchteile" nach rechts immer winziger werden, da wir ja jedesmal durch zehn teilen, wenn wir eine Stelle weiter nach rechts gehen. Wenn wir also einen Dezimalbruch mit riesig vielen Stellen schreiben, so ist das dennoch keine "große" Zahl, solange sich alle diese Ziffern hinter dem Komma befinden. Sieh dir z.b. diese Zahl an:

0,3902783053478218789

Diese ganze Zahl ist kleiner als 1, denn links vom Komma haben wir eine Null – wir haben also *keinen einzigen Einer*, nur Bruchteile davon ("Sägemehl")!

Die Dezimalbrüche wurden erst einige Zeit später erfunden als das Dezimalsystem selbst. Aber nachdem das Dezimalsystem in Gebrauch war, war es nur folgerichtig, dass irgendwann einmal jemand es auch für Brüche verwenden würde.

Übrigens kennst du diese dezimale Schreibweise schon von den Maßen und Gewichten her. Wenn du z.b. einmal gemessen wurdest und man sagte dir, du seist 1,42 Meter groß, dann kann man das lesen als "ein Meter und 42 Zentimeter". Aber Zentimeter sind nichts anderes als Hundertstel eines Meters. Man könnte also auch sagen "ein ganzer und 42 Hundertstel Meter".

Aufgabe E11
Nun wollen wir sehen, ob du die alten Gesetze über das Teilen und Multiplizieren mit 10, 100, 1000 usw. (Aufgaben E4 und E5) auch "jenseits der Grenze", also mit Dezimalbrüchen, anwenden kannst.

a) Zeichne eine Stellenwerttabelle mit mehreren Kolonnen auf beiden Seiten des Kommas. Schreibe eine mehrstellige Zahl hinein und teile diese durch 10, durch 100, durch 1000 ... Schreibe die Ergebnisse zuerst in die Stellenwerttabelle, und dann auch separat in normaler Ziffernschreibweise.

b) Schreibe einen mehrstelligen Dezimalbruch und multipliziere ihn mit 10, 100, 1000 ... (Wie oben sowohl als Stellenwerttabelle als auch in Ziffernschreibweise.)

c) Beobachte: Was geschieht mit der Stellung des Kommas (bzw. was *scheint* zu geschehen) beim Multiplizieren mit 10? Und was beim Teilen durch 10?

5. Multiplikation und Division von Dezimalbrüchen

Erforderliche Vorkenntnisse:
- Eigenschaften des Dezimalsystems
- Multiplikation und Division von mehrstelligen Zahlen
- Zu- und Wegzählen von Dezimalbrüchen
- Bruchrechnen

Aufgabe E12: Umwandlung von Dezimalbrüchen in gewöhnliche Brüche

In der folgenden Stellenwerttabelle haben wir einen Dezimalbruch:

	T	H	Z	E	1/10	1/100	1/1000	...
0,327 =					3	2	7	...

Die Angaben in der Tabelle sagen uns, was 0,327 bedeutet:

$$0,327 = \frac{3}{10} + \frac{2}{100} + \frac{7}{1000.}$$

Das können wir aber auch einfacher schreiben: Wir verwandeln alle Brüche in Tausendstel und zählen zusammen. Kannst du das selber machen?

$$0,327 = \frac{?}{1000} + \frac{?}{1000} + \frac{?}{1000} = \frac{?}{1000}$$

Vergleiche das Ergebnis mit der Schreibweise des Dezimalbruchs. Was stellst du fest? Beobachte und beantworte die folgenden Fragen:

Wie kannst du schnell und einfach einen Dezimalbruch als gewöhnlichen Bruch schreiben?
Wo findest du die Ziffern des Zählers?
Wie findest du heraus, wie viele Nullen der Nenner haben muss?

Beobachte auch das folgende Beispiel:

	T	H	Z	E	1/10	1/100	1/1000	...
61,99 =			6	1	9	9		...

Kannst du diese Zahl direkt in einen Bruch verwandeln? Sonst vervollständige die folgende Operation:

$$61,99 = 60 + 1 + \frac{?}{10} + \frac{?}{100} = \frac{?}{100} + \frac{?}{100} + \frac{?}{100} + \frac{?}{100} = \frac{?}{100}$$

Beobachte und finde eine praktische Regel, wie du es schnell und einfach machen kannst. Dann versuche es mit den folgenden Zahlen:

0,37,   0,075,   12,481,   9,2,   9,20,   9,200,   3447,3,
0,048,   4,875,   0,00031.

Einige der entstandenen Brüche kann man übrigens kürzen. Welche?

Aufgabe E13: Multiplikation von Dezimalbrüchen mit einstelligen Zahlen

Schreiben wir einige Dezimalbrüche in der Stellenwerttabelle und multiplizieren wir sie mit 6. Das können wir genauso machen, wie wenn es Einer wären: 1 x 6 = 6.

	T	H	Z	E	1/10	1/100	1/1000	..
0,1 =					1			...
0,1 x 6 =					6			...
0,01 =						1		...
0,01 x 6 =						6		...
0,001 =							1	...
0,001 x 6 =							6	...

a) Schreibe nun die Ergebnisse dieser Operationen in Ziffernschreibweise. Erinnere dich: Das Dezimalkomma befindet sich immer dort, wo die Einer aufhören und die Brüche anfangen. Die leeren Stellen der Tabelle zwischen dem Komma und den Ziffern müssen wir mit Nullen auffüllen:

0,1 x 6 = _____   0,01 x 6 = _____   0,001 x 6 = _____

Nun weißt du also schon, wie du einen Dezimalbruch mit einer ganzen Zahl multiplizieren kannst. Du kannst das im Grunde genauso machen wie mit ganzen Zahlen. Nur musst du dich daran erinnern, an welcher Position in der Stellenwerttabelle du stehst.

b) Hier noch einige Beispiele mit längeren Zahlen:

	T	H	Z	E	1/10	1/100	1/1000	..
0,123 =					1	2	3	...
0,123 x 3 =					3	6	9	...

Vervollständige in Ziffernschreibweise: 0,123 x 3

0,____

	T	H	Z	E	1/10	1/100	1/1000	..
0,475 =					4	7	5	...
0,475 x 4 =				1	9	0	0	...

	T	H	Z	E	1/10	1/100	1/1000	..
0,083 =						8	3	...
0,083 x 9 =								...

Vervollständige das letzte Beispiel. Schreibe auch diese Beispiele in Ziffernschreibweise:

0,475 x 4   0,083 x 9

____,____   ____,____

c) Überprüfe die Ergebnisse solcher Multiplikationen mit Bruchrechnen:

$$0,01 \times 6 = \frac{?}{?} \times 6 = \frac{? \times 6}{?} = \frac{?}{?} = 0,...$$

0,123 x 3 = ...   0,475 x 4 = ...   0,083 x 9 = ...

Aufgabe E14: Multiplikation von Dezimalbrüchen mit mehrstelligen Zahlen

Kannst du jetzt Dezimalbrüche auch mit mehrstelligen Zahlen multiplizieren? Wie müsstest du das machen? Versuche z.b. 0,053 x 32 zu rechnen.

Wenn du es nicht selber herausfindest, lies in den "Zusätzlichen Hinweisen" nach.

Aufgabe E15: Multiplikation mit Dezimalbrüchen

a) Sieh nochmals das erste Beispiel bei Aufgabe E13 an:

0,1 x 6 =_____　　　　0,01 x 6 =_____　　　　0,001 x 6 =_____

Wir können dieses Beispiel jetzt auch umgekehrt auffassen, nämlich als ein Beispiel, was passiert, wenn man die Zahl 6 mit einem Dezimalbruch multipliziert. Vervollständige die folgende Tabelle und beobachte, was du für eine Regelmäßigkeit sehen kannst:

	T	H	Z	E	1/10	1/100	1/1000	..
6 x 100 =								...
6 x 10 =								...
6 x 1 =								...
6 x 0,1 =								...
6 x 0,01 =								...
6 x 0,001 =								...

Dasselbe können wir natürlich auch mit größeren Zahlen machen:

	T	H	Z	E	1/10	1/100	1/1000	..
236 x 1 =								...
236 x 0,1 =								...
236 x 0,01 =								...
236 x 0,001 =								...

Schreibe diese Multiplikationen auch in normaler Ziffernschreibweise.

b) *(Zusatzaufgabe):* Erinnerst du dich, dass wir diese selben Operationen früher anders geschrieben haben? Was für eine andere Operation kannst du einsetzen, damit es auch diese Ergebnisse gibt?

6 _____ = 0,6   236 _____ = 23,6   236 _____ = 2,36

Was für eine Bedeutung können wir also der Multiplikation mit 0,1, bzw. mit 0,01 oder mit 0,001 auch geben?

c) Nun können wir diese selben Operationen auch mit Dezimalbrüchen durchführen:

	T	H	Z	E	1/10	1/100	1/1000	1/10'000	1/100'000	...
0,47 x 1 =										...
0,47 x 0,1 =										...
0,47 x 0,01 =										...
0,47 x 0,001 =										...

Schreibe auch diese Multiplikationen in normaler Ziffernschreibweise.
Überprüfe mit Brüchen:

$$0,47 \times 0,1 = \frac{?}{?} \times \frac{?}{?} = \frac{?}{?} = 0,...$$

$$0,47 \times 0,01 = \frac{?}{?} \times \frac{?}{?} = \frac{?}{?} = 0,...$$

$$0,47 \times 0,001 = \frac{?}{?} \times \frac{?}{?} = \frac{?}{?} = 0,...$$

d) Beobachte diese Operationen gut. Findest du ein Gesetz, mit dem du zum voraus sagen kannst, wie viele Dezimalstellen das Ergebnis haben wird?

Überprüfe dein Gesetz mit den folgenden Operationen:

$$0{,}064 \times 0{,}001 = \frac{?}{?} \times \frac{?}{?} = \frac{?}{?} = 0{,}\ldots$$

$$8{,}2 \times 0{,}01 = \frac{?}{?} \times \frac{?}{?} = \frac{?}{?} = 0{,}\ldots$$

$$0{,}33 \times 0{,}0001 = \frac{?}{?} \times \frac{?}{?} = \frac{?}{?} = 0{,}\ldots$$

Und auch mit den folgenden:

$$0{,}6 \times 0{,}7 = \frac{?}{?} \times \frac{?}{?} = \frac{?}{?} = 0{,}\ldots$$

$$0{,}3 \times 0{,}2 = \frac{?}{?} \times \frac{?}{?} = \frac{?}{?} = 0{,}\ldots$$

$$0{,}008 \times 0{,}03 = \frac{?}{?} \times \frac{?}{?} = \frac{?}{?} = 0{,}\ldots$$

$$0{,}012 \times 0{,}05 = \frac{?}{?} \times \frac{?}{?} = \frac{?}{?} = 0{,}\ldots$$

e) Vergleiche die obigen vier Beispiele mit den Ergebnissen der "einfachen" Multiplikationen: 6 x 7,   3 x 2,   8 x 3,   12 x 5. Was beobachtest du?

Kannst du jetzt jede Art von Multiplikationen mit Dezimalbrüchen rechnen?

Versuche es zum Beispiel mit diesen: (Du wirst interessante Ergebnisse erhalten.)

0,74 x 0,12,   67,9 x 0,8,   1,875 x 0,16,   1,111 x 1,111,
2,59 x 0,3861

Aufgabe E16: Division von Dezimalbrüchen durch ganze Zahlen

Beobachte die folgende Operation. Versuche bei jedem Schritt zu begründen, warum man es so machen darf:

$$0{,}36 : 3 = \frac{36}{100} : 3 = 36 : 100 : 3 = 36 : 3 : 100 = \frac{12}{100} = 0{,}12$$

Auch Divisionen können wir also so ausführen, als wären es ganze Zahlen; nur müssen wir dann das Dezimalkomma an die richtige Stelle setzen.

Übe es mit den folgenden. Versuche es zuerst "schnell und einfach" zu machen. Wenn du nicht sicher bist, ob deine Ergebnisse stimmen, prüfe mit Brüchen nach:

$$0{,}72 : 4, \qquad 0{,}098 : 7, \qquad 63{,}6 : 6, \qquad 0{,}104 : 8$$

Beim schriftlichen Dividieren gibt es noch eine weitere einfache Art, wie du feststellen kannst, wo das Komma hingehört: Jede Ziffer erhält im Ergebnis denselben Stellenwert wie die Zahl, die du gerade teilst. Du kennst das von den ganzen Zahlen: Wenn du gerade Hunderter dividierst, ist das Ergebnis auch Hunderter; wenn du bei den Einern angekommen bist, hast du im Ergebnis auch Einer *(siehe rechts)*:

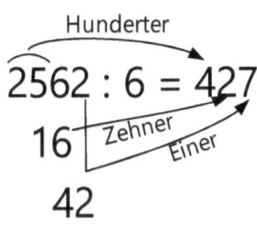

Dasselbe gilt für die Ziffern hinter dem Komma. Prüfe es nach, indem du die obigen Beispiele schriftlich rechnest.

Weiter dividieren, wenn es nicht aufgeht

Jetzt, da du mit Ziffern hinter dem Komma rechnen kannst, kannst du etwas Neues machen, was du vorher nicht konntest: Wenn ein Rest übrigbleibt, musst du diesen nicht stehenlassen. Du kannst ihn weiter teilen!

Wenn du also mit den Einern fertig bist, teilst du weiter. Dazu musst du die nächste Ziffer herunternehmen. Das wäre jetzt eine Ziffer nach dem Komma, nämlich die Zehntel. "Aber da ist ja nichts!" sagst du? In der Mathematik ist "Nichts" auch eine

```
59 : 4 = 14,75
19
 30
 20
  0
```

Zahl. Wieviel nämlich? – Also, du nimmst dieses "Nichts" herunter und teilst weiter.

Versuche es mit den folgenden Beispielen und beobachte, was geschieht. Geht es immer irgendwann einmal auf? *(Aufgabe F16 ist eine weiterführende Forschungsaufgabe zu diesem Thema.)*

$$67 : 2, \quad 39 : 5, \quad 3,9 : 5, \quad 0,39 : 5, \quad 11 : 8, \quad 25 : 6, \quad 400 : 9,$$
$$9,3 : 6$$

Nun sind auch *Brüche* Divisionen. Wir könnten die obigen Beispiele auch so schreiben:

$$\frac{67}{2}, \quad \frac{39}{5}, \quad \frac{3,9}{5}, \quad \frac{0,39}{5}, \quad \frac{11}{8}, \quad \frac{25}{6}, \quad \frac{400}{9}, \quad \frac{9,3}{6}$$

Damit kennst du jetzt also eine Methode, wie du Brüche in Dezimalbrüche verwandeln kannst. Einfach dividieren!

Aufgabe E17: Division durch Dezimalbrüche

Was gibt 600 : 0,01 ? – Denke ein wenig darüber nach. Dann überprüfe deine Antwort anhand der folgenden Stellenwerttabelle. Du wirst eine Regelmäßigkeit finden in jenen Divisionen, die dir bereits bekannt sind. Führe diese Regelmäßigkeit einfach weiter:

	HT	ZT	T	H	Z	E	1/10	1/100	1/1000	..
600 : 100 =										...
600 : 10 =										...
600 : 1 =										...
600 : 0,1 =										...
600 : 0,01 =										...
600 : 0,001 =										...

Bist du überrascht? – Sehen wir uns noch eine andere Art an, wie man die Division durch einen Dezimalbruch erklären kann. Du wirst dann sehen, dass die Ergebnisse in dieser Tabelle wirklich richtig sind.

Um die folgende Operation zu verstehen, wird es dir helfen, wenn wir unsere Division als einen Bruch schreiben. Kannst du mit diesem Bruch etwas machen, sodass der Nenner zu einer ganzen Zahl wird?

$$\frac{600}{0,01} = \frac{?}{?}$$

(Wenn du auf keine brauchbare Idee kommst, lies in den "Zusätzlichen Hinweisen" nach.)

Wenn du das verstanden hast, dann kannst du jede Division durch einen Dezimalbruch verwandeln in eine Division durch eine ganze Zahl. Dann kannst du sie so rechnen wie in Aufgabe G5, und das Komma kommt an die richtige Stelle.

Versuche es mit den folgenden:

15 : 0,5,   270 : 0,9,   0,8 : 0,2,   45 : 0,09,   4,5 : 0,09,   0,45 : 0,09,
3,84 : 0,08

Teil II

Zusätzliche Hinweise
zu den Forschungsaufgaben

Zusätzliche Hinweise zu Kapitel A
Einfache und sehr einfache Forschungsaufgaben

Aufgabe A1: Serien von Zu- und Wegzählaufgaben

Die folgenden Hinweise sind hauptsächlich für Eltern und Lehrer. Sie sollen zeigen, wie Gedanken, die sich aus der Forschungsaufgabe ergeben, weitergeführt und verallgemeinert werden können.

Die meisten Gesetzmäßigkeiten, die hier beobachtet werden können, beruhen auf dem Assoziativgesetz, das verallgemeinert lautet: $(a+b) + c = a + (b+c)$. Primarschülern werden wir aber noch keine solchen Formeln zumuten, sondern wir werden die Gesetzmäßigkeiten mit Worten und anhand der ausgelegten Cuisenaire-Stäbchen beschreiben.

Eine mögliche Anwendung der Gesetzmäßigkeiten von **a)** und **b)** besteht darin, das Ergebnis einer "unbekannten" Operation aus einer "bekannten" herzuleiten. Bsp: Ein Schüler weiß noch nicht auswendig, wieviel $7+8$ gibt; aber er weiß, dass $7+7=14$ ist. Also kann er sich überlegen, dass $7+8$ eins mehr sein muss als $7+7$, folglich 15. Ausgeschrieben:

$$7+8 = 7 + (7+1) = (7+7) + 1 = 14+1 = 15.$$

Dasselbe für Wegzählaufgaben (**c)** und **d)**). Z.B. ist $17 - 8$ eins weniger als $18 - 8$, also $10 - 1 = 9$.

Um die Besonderheit der Serie **d)** streng mathematisch zu erklären, müssten wir die Vorzeichenregeln heranziehen: $a - (b+c) = (a - b) - c$. Aber auf der Elementarstufe genügt die Beobachtung, dass "wenn wir mehr wegzählen, das Ergebnis kleiner wird".

Die Aufgaben **e)** bis **g)** führen zur Erkenntnis hin, dass man auf ähnliche Weise Operationen in den höheren Zehnern auf entsprechende Operationen im ersten Zehner zurückführen kann.

Aufgabe **h)** beruht auf dem Distributivgesetz. Z.B:

400 + 200 = (4x100) + (2x100) = (4+2) x 100.

Aber für Kinder ist es einfacher so zu sehen, dass eine Addition (und analog eine Subtraktion) von Zehnern bzw. Hundertern auf dieselbe Weise durchgeführt werden kann wie die entsprechende Operation mit Einern:

4 Hunderter + 2 Hunderter = 4+2 Hunderter.

Aufgabe A2: Gerade und ungerade Summen

Die folgenden Hinweise sind hauptsächlich für Eltern und Lehrer. Sie sollen zeigen, wie Gedanken, die sich aus der Forschungsaufgabe ergeben, weitergeführt und angewandt werden können.

Die hier gefundenen Gesetzmäßigkeiten über Gerade und Ungerade können helfen, gewisse Rechenfehler auf einfache Art zu vermeiden. Bsp: Ein Kind rechnet 27 + 35 = 63. Aber 27 und 35 sind ungerade; folglich muss das Ergebnis gerade sein, und 63 kann nicht das richtige Ergebnis sein.

Aufgabe A4: Multiplikation mit 5 und mit 25

a) Wenn du die Ergebnisse vergleichst, wirst du sicher schnell eine gewisse Ähnlichkeit feststellen!

c) Die Begründung hat etwas damit zu tun, dass wir unsere Zahlen im *Zehner*system aufschreiben. Die Zahl 10 wird also in deiner Begründung eine wichtige Rolle spielen.

*d) Vielleicht kommst du schneller darauf, wenn du in Betracht ziehst, dass 25 = 5 x 5 ist. Mit 25 zu multiplizieren ist also dasselbe wie zweimal mit 5 zu multiplizieren. Kannst du den Vorgang von Aufgabe **a)** *zweimal* anwenden? Und was für einer *einzigen* Operation entspricht das dann?

e) Erinnere dich, dass das Teilen die Umkehroperation der Multiplikation ist, also "Multiplikation im Rückwärtsgang". Damit ist die Aufgabe schon halb gelöst!

*f) Auch 15 ist ein Vielfaches von 5. Nur wird in diesem Fall die Regel ein klein wenig komplizierter ausfallen als in den vorherigen Aufgaben.

Aufgabe A5: Diagonale Folgen in der Multiplikationstabelle

b) Falls du nicht verstanden hast, was unter einer "diagonalen Folge" zu verstehen ist: In dieser Tabelle sind zwei Beispiele eingezeichnet. Eine Folge geht von links oben nach rechts unten (0, 4, 10, 18, 28, 40, 54, ...), die andere von links unten nach rechts oben (0, 5, 8, 9, 8, 5, 0).

0	0	0	0	0	0	0	0	0	0	0
0	1	2	3	4	5	6	7	8	9	10
0	2	4	6	8	10	12	14	16	18	20
0	3	6	9	12	15	18	21	24	27	30
0	4	8	12	16	20	24	28	32	36	40
0	5	10	15	20	25	30	35	40	45	50
0	6	12	18	24	30	36	42	48	54	60
0	7	14	21	28	35	42	49	56	63	70
0	8	16	24	32	40	48	56	64	72	80
0	9	18	27	36	45	54	63	72	81	90
0	10	20	30	40	50	60	70	80	90	100

Die Differenzen zwischen aufeinanderfolgenden Zahlen kannst du so darstellen:

$$0 \quad 4 \quad 10 \quad 18 \quad 28 \quad 40 \ ...$$
$$4 \quad 6 \quad 8 \quad 10 \quad 12 \ ...$$

bzw:

$$0 \quad 5 \quad 8 \quad 9 \quad 8 \quad 5 \quad 0$$
$$5 \quad 3 \quad 1 \quad -1 \quad -3 \quad -5$$

(oder dasselbe in vertikaler Anordnung.)

Beobachte, untersuche, und ziehe Schlüsse!

c) Mache jetzt einfach dasselbe mit mehreren anderen Beispielen, bis du siehst, was sie gemeinsam haben.

Aufgabe A6: Neugierige Fragen zum Teilen mit Rest

a) Du wirst festgestellt haben, dass die Ziffern jeder Zahl, die wir durch 10 teilen, im Ergebnis wieder erscheinen. Warum geschieht das?

Eine Division kann interpretiert werden als ein "Aufteilen in gleich große Gruppen". Wenn wir durch 10 teilen, bilden wir Zehnergruppen. Was besteht also für ein Zusammenhang zwischen unserer Zahlenschreibweise und dem Aufteilen in Zehnergruppen?

b) Wenn du nicht auf die Lösung kommst, dann stelle einige dieser Aufgaben mit Steinchen oder Einerwürfeln und Spielfiguren dar. Z.B. sollen 3 Steinchen unter 8 Spielfiguren gleichmäßig aufgeteilt werden. Oder aus 5 Einerwürfeln sollen Sechsergruppen gebildet werden. Da können wir in Wirklichkeit gar keine Steinchen verteilen, bzw. gar keine Sechsergruppen bilden. Aber mathematisch gesehen ist "gar keine" auch eine Zahl. Welche nämlich? Und wieviel beträgt dann der Rest?

In Wirklichkeit ist also gar nichts Besonderes an diesen Aufgaben. Wir müssen einfach konsequent dieselbe Logik anwenden wie bei anderen Teilungsaufgaben.

c) Sicher hast du die interessante Eigenschaft der Ergebnisse bereits bemerkt. Aber woher kommt das?

Vielleicht hilft folgende Überlegung: Was wäre geschehen, wenn wir statt durch 9 durch 10 geteilt hätten? – Und wenn wir statt Zehnergruppen Neunergruppen bilden, woher kommt dann der Rest? – Vergleiche beides (die Division durch 10 und die Division durch 9) mit Steinchen oder Einerwürfeln. Dann solltest du sehen können, woher diese interessante Eigenschaft kommt.

Zur Erweiterung: Untersuche vergleichbare Situationen. Teile z.B. Zahlen der Neunerreihe durch 8, oder teile Zahlen der Zwölferreihe durch 11. *Teile Vielfache von 100 durch 9 und untersuche auch diese Ergebnisse.

Aufgabe A7: Teilbarkeit durch 4 und durch 8

a) Beobachte die Folge der Endziffern: 0, 4, 8, 2, 6, 0, 4, 8, … In dieser Folge gibt es eine Gruppe von Ziffern, die Vielfache von 4 sind (0, 4, 8), und eine Gruppe von Ziffern, die es nicht sind (2, 6). Beobachte jetzt die Zehnerziffern. Was für Zehnerziffern begleiten die erste Gruppe von Endziffern? Welche begleiten die zweite Gruppe?

- Wenn 100 ein Vielfaches von 4 ist, was bedeutet das für die beiden letzten Ziffern von Zahlen über 100? (Führe die Viererreihe nach 100 ein wenig weiter, um zu beobachten.)

b) Erinnere dich zuerst, dass alle Vielfachen von 8 zugleich auch Vielfache von 4 sind. Dann musst du auch die dritte Ziffer (Hunderter) in deine Beobachtungen einbeziehen, weil 100 kein Vielfaches von 8 ist.

Aufgabe A8: Teilbarkeit durch zusammengesetzte Zahlen

a) Erinnere dich: 18 = 2 x 9. Die Regel hat damit zu tun...

b) Die Zahl 18 ist zusammengesetzt aus zwei Zahlen (2 x 9), für die du entsprechende Teilbarkeitsregeln kennst. Du kannst also auf dieselbe Weise auch andere Zahlen kombinieren, für die du Teilbarkeitsregeln kennst.

Aufgabe A9: Teilbarkeit durch 11

Beobachte folgende Eigenschaft der Multiplikation einer zweistelligen Zahl mit 11: Z.B. 14 x 11 = 154. Die 14 erscheint im Ergebnis wieder, nur hat sich eine 5 dazwischengeschoben (1 + 4 = 5). Diese Gesetzmäßigkeit kannst du zum Aufstellen einer Regel für die Zahlen der Gruppe a) verwenden.

Die Zahlen der Gruppe b) entstehen, wenn beim Multiplizieren mit 11 ein Übertrag entsteht. Z.B. 28 x 11 = 308 (2 [10] 8). Wenn du die Zahlen dieser Gruppe genau beobachtest, wirst du feststellen, dass in ihren Ziffern jeweils auf eine ganz bestimmte Weise die Zahl 11 verborgen ist.

Du solltest jetzt eine Regel für die Teilbarkeit durch 11 aufstellen können, die für alle dreistelligen Zahlen gilt. – Kannst du diese Regel erweitern auf vier-, fünf- und mehrstellige Zahlen?

Aufgabe A10: Forschung zum mathematischen Golfspiel

a) Anfänger denken manchmal, die beste Strategie bestünde darin, möglichst oft den längeren "Schlag" (d.h. das längere Stäbchen) zu wählen, um so schneller zum Ziel zu kommen. Falls du das Spiel genügend oft gespielt hast, wirst du festgestellt haben, dass das nicht immer der Fall ist: Es ist dann oft nicht mehr möglich, das Ziel mit den kürzeren "Schlägen" *exakt* zu erreichen. Wie kannst du also herausfinden, wie oft du den längeren "Schlag" benützen musst, ohne die Gelegenheit zu verpassen, nachher mit dem kürzeren "Schlag" exakt ins Ziel zu kommen?

– Du wirst übrigens feststellen, dass es in einigen Fällen überhaupt keine Lösung gibt, während es in anderen Fällen mehrere gibt.

Falls du immer noch keine logische Methode findest, so denke daran, dass man eine fortgesetzte Summe (z.B. 3+3+3+3+3) auch als Multiplikation schreiben kann (z.B. 5 x 3).

b) Hier sind zwei mögliche Formen einer solchen systematischen Zusammenstellung, für die "Schläge" +4 und +5:

+	4	8	12	16	20	24	...
5	9	13	17	21	25	29	...
10	14	18	22	26	30	34	...
15	19	23	27	31	35	39	...
20	24	28	32	36	40	44	...
...	...	...	...	...	...	...	...

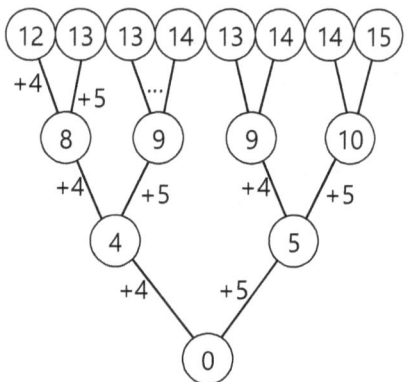

Du siehst aber, dass im Baumdiagramm viele Möglichkeiten mehrfach aufgeführt sind. Z.B. ist 4+4+5 = 4+5+4 = 5+4+4 = 13. Deshalb erscheint die Zahl 13 dreimal. Vielleicht findest du eine Art, den Baum zu vereinfachen, sodass jede Möglichkeit nur einmal erscheint?

c), d) Versuche es mit einem Paar von geraden Zahlen (z.B. +6 und +8). Kannst du damit 15 erreichen? 37 ? 49 ? Warum nicht? – Versuche es mit +6 und +9. Was für Arten von Zahlen kannst du damit erreichen, welche nicht? Was schließt du daraus?

e) Untersuche die folgenden Paare von "Schlägen", die alle eine letzte "unmögliche Zahl" haben: (+3, +4), (+4, +5), (+5, +6). Was für einen Zusammenhang findest du zwischen der letzten "unmöglichen Zahl" und den benützten "Schlägen"? – Kannst du nun das Ergebnis auch auf andere Paare von "Schlägen" übertragen, wie z.B. (+3, +5), (+3, +7), (+3, +8) ?

Aufgabe A11: Die schlauen Multiplikationen der alten Perser

a) Erinnere dich, dass z.B. 14 x 17 auch so geschrieben werden kann: (10 + 4) x (10 + 7). Wie kann man das ausmultiplizieren? Und wie hängt das mit der beschriebenen Multiplikationsmethode zusammen?

Du kannst auch versuchen, die Multiplikationen graphisch darzustellen (oder mit Cuisenaire-Stäbchen) und so eine Erklärung zu finden.

b) Die Hinweise zu a) können dir auch helfen, diese Gesetzmäßigkeiten auf Zahlen in der Umgebung von 20 zu übertragen. Vielleicht sogar auf alle zweistelligen Zahlen überhaupt?

Aufgabe A12: Kombinatorisches Tischdecken

a) Um nicht zu viel schreiben zu müssen, darfst du natürlich abkürzen. Z.B. T=Teller, M=Messer, G=Gabel, L=Löffel. Dann kannst du die Möglichkeiten so aufschreiben: TMGL, TGLM, MTLG, ... – aber natürlich besser auf systematischere Weise. (Wenn du statt Buchstaben Zahlen verwendest, kommst du vielleicht schneller auf eine sinnvolle Art und Weise, wie man die Möglichkeiten ordnen könnte.)

b), c) Stelle dir vor, du hättest bereits alle Möglichkeiten mit 4 Gegenständen ausgelegt. Dann legst du zu jeder dieser Möglichkeiten den Dessertlöffel dazu. Wie viele "Plätze" gibt es jeweils, auf die du den Dessertlöffel legen kannst? Wie viele neue Permutationen ergeben sich dadurch?

Aufgabe A13: Tetris und Pentominos

a) Ich kann dir verraten, dass es fünf verschiedene Tetris gibt. Du wirst sie für die folgende Aufgabe brauchen.

b) Hast du es lange versucht? Meinst du, es ist unmöglich? – Wie kannst du wissen, ob es wirklich unmöglich ist, oder ob du einfach noch nicht alle Möglichkeiten probiert hast?
- Nun, man kann auf ziemlich einfache Weise mathematisch beweisen, dass es unmöglich ist. Färben wir die möglichen Rechtecke nach der Art eines Schachbretts ein:

Jedes Rechteck hat 10 weiße und 10 schwarze Felder. Färben wir nun die fünf Tetris auf dieselbe Weise ein:

Alle Tetris haben zwei weiße und zwei schwarze Felder – mit Ausnahme desjenigen, das wie ein T aussieht. Dieses hat drei schwarze Felder und ein weißes (oder umgekehrt, wenn wir es umgekehrt einfärben). Jedenfalls aber eine unterschiedliche Anzahl von weißen und schwarzen Feldern. Die fünf Tetris haben zusammen also 11 schwarze und 9 weiße Felder (oder umgekehrt). Deshalb ist es auf keinen Fall möglich, aus ihnen ein Rechteck zusammenzusetzen, das 10 weiße und 10 schwarze Felder enthält.

c) Auch hier muss ich dir die Anzahl der möglichen Pentominos verraten, denn du wirst sie für die folgenden Aufgaben brauchen. Es gibt zwölf von ihnen.

*e) Sicher kann man nicht *alle* Rechtecke bilden, die theoretisch möglich wären. Z.B. kann man aus den Pentominos sicher kein Rechteck formen, das nur 2 Quadrätchen breit ist. (Warum nicht?) – Kann man ein Rechteck formen, das 3 Quadrätchen breit ist? Wenn nicht, warum nicht? – Wahrscheinlich wirst du für alle Rechtecke sehr lange probieren müssen, bis du eine Lösung findest. Es gibt hier z.T. aber tausende von möglichen Lösungen!

g) Auch hier sind sicher nicht alle Aufgaben lösbar, die man sich mit solchen Formen stellen kann!

Aufgabe A14: Das 24-Spiel

b) Wenn du eine vollständige Lösung haben möchtest, dann müsstest du zuerst eine Liste aller möglichen Würfe zusammenstellen. Diese Liste dürfte ziemlich lang werden. Aber auch wieder nicht so lang, wie man vielleicht denken könnte, denn z.B. 1, 2, 2, 5 ist dasselbe wie 2, 1, 2, 5 oder 5, 1, 2, 2. – Was wäre eine gute Art, die Liste zu "organisieren", um sicherzugehen, dass du keine Kombination doppelt aufführst?

Aufgabe A15: Spielanalyse: Kreuze und Kreise

b) Du musst damit rechnen, dass dein Gegenspieler nicht auf den Kopf gefallen ist. Jedes Mal, wenn du zwei deiner Zeichen in einer Reihe hast, und das dritte Feld der Reihe leer ist, dann wird der Gegenspieler dieses dritte Feld markieren, sodass du deine Reihe nicht vervollständigen kannst. Das wäre also noch keine Gewinnstellung. Wie muss eine Situation aussehen, wo dein Gegner *nicht verhindern kann*, dass du im nächsten Zug eine Reihe vervollständigst?

c) Jetzt musst du ein bisschen weiter vorausdenken. Wenn du die Frage b) beantworten konntest, dann weißt du jetzt, was du tun musst, um eine Gewinnstellung herbeizuführen. Du wirst dazu ganz bestimmte Felder markieren müssen. Kann dein Gegner herausfinden, welche Felder das sind, und dich daran hindern, sie zu markieren? Oder kannst du ihn irgendwie dazu bringen, dass er dir diese Felder frei lassen *muss*?

d) Zum Tabellieren von Spielen siehe die "Zusätzlichen Hinweise" zur Aufgabe A9.

e) Ich hoffe, du hast in deiner Spieltabelle auch markiert, wer jeweils das Spiel gewinnt. Dann sollte die Beantwortung dieser Frage einfach sein!

f), g) Auch die Antworten auf diese Fragen kannst du herausfinden, wenn du die möglichen Spiele tabelliert hast. Dann kannst du nämlich zum voraus ablesen, was für Folgen bestimmte Züge haben werden.

Aufgabe A16: Ein Experiment mit schriftlichen Divisionen

Wenn du eine dreistellige Zahl zweimal hintereinander aufschreibst, was für eine mathematische Operation machst du dann eigentlich mit dieser Zahl?

- Offenbar wird diese Operation durch das Teilen durch 7, durch 11 und durch 13 wieder rückgängig gemacht. Warum?

Aufgabe A18: Würfel-Experimente

Experiment 1:

Wenn du richtig gerechnet hast, dann sollte zu beobachten sein, dass bei zunehmender Anzahl von Versuchen sich die Prozentzahlen der 6 Zahlen einander annähern. Bei 30 Versuchen können gewisse Zahlen noch mit einer viel größeren Häufigkeit auftreten als andere. Aber bei 200 Versuchen sollten die Prozentzahlen einander schon ziemlich ähnlich sein. Wir können annehmen, dass bei einer Million Versuchen alle Prozentzahlen ziemlich nahe bei $1/6$ = 16,666...% liegen werden.

Bei einem gut hergestellten Würfel erscheint jede Punktzahl mit derselben Wahrscheinlichkeit. Das bedeutet, dass bei einer sehr großen Zahl von Versuchen zu erwarten ist, dass auf jede Punktzahl ungefähr $1/6$ der Versuche entfallen.

In der Wahrscheinlichkeitsrechnung wird dies "das Gesetz der großen Zahlen" genannt: Je größer die Zahl der Versuche, desto mehr nähern sich die beobachteten relativen Häufigkeiten der theoretischen (mathematischen) Wahrscheinlichkeit an. Bei einer kleinen Zahl von Versuchen können die tatsächlichen Häufigkeiten jedoch noch stark von der mathematischen Wahrscheinlichkeit abweichen.

Mit anderen Worten, die theoretische Wahrscheinlichkeit taugt nicht dazu, konkrete Ereignisse vorauszusagen. Wenn die Wahrscheinlichkeit für jede Zahl $1/6$ ist, dann heißt das noch lange nicht, dass bei 6 Würfen genau einmal eine 1, einmal eine 2, einmal eine 3, usw, herauskommt. Wir wissen ja, dass das im Normalfall nicht so ist. Die mathematische Wahrscheinlichkeit kann lediglich annähernd die relativen Häufigkeiten voraussagen, die bei einer *sehr großen Zahl von Versuchen* zu erwarten sind.

Andererseits könnte man mit einer sehr großen Zahl von Versuchen überprüfen, ob ein Würfel gut gemacht ist, d.h. ob er keine Zahl "bevorzugt". Wenn z.B. nach vielen tausend Versuchen sich die Häufigkeit der Zahl 5 dem Wert von 20% annähert statt 16,666...%, dann ist anzunehmen, dass dieser Würfel möglicherweise eine Unregelmäßigkeit hat, welche die Zahl 5 bevorzugt.

Wenn wir aber nach lediglich 100 Versuchen diese Beobachtung machen, dann können wir daraus noch keine Schlüsse ziehen, denn das ist noch keine "sehr große" Zahl von Versuchen, und es können große zufallsbedingte Schwankungen vorkommen.

Experiment 2:

a) Hier haben wir dieselbe Situation wie im Experiment 1. Mit 6 x 10 = 60 Kärtchen haben wir erst eine kleine Zahl von Versuchen; also können noch grosse Schwankungen auftreten. Wenn z.b. der Stapel 3 zuerst aufgebraucht wurde, im Stapel 4 aber noch drei Kärtchen übrig sind, dann können wir daraus noch nicht schließen, dass es jedesmal so sein wird. Bei einer Wiederholung des Experiments wird vielleicht der Stapel 4 zuerst aufgebraucht sein. Wenn wir das Experiment mehrere Male wiederholen, sollte vielmehr zu beobachten sein, dass kein Stapel besonders "bevorzugt" ist. Das kommt daher, dass jede Punktzahl des Würfels mit derselben Wahrscheinlichkeit erscheint.

b) Trotz der kleinen Zahl von Versuchen sollte hier eine klare Tendenz zu beobachten sein, die sich von der Situation a) unterscheidet. Die mittleren Stapel (6, 7, 8) werden normalerweise viel schneller aufgebraucht sein als jene am Rand (1, 12). - Vom Stapel 1 werden wir nie auch nur ein einziges Kärtchen wegnehmen können; kannst du erklären warum?

Tatsächlich ist es bei der Summe von zwei Würfeln viel wahrscheinlicher, dass eine der mittleren Zahlen herauskommt, als eine sehr kleine oder eine sehr große. Woher kommt das? Was muss z.B. geschehen, damit die Summe 12 wird? Und was muss geschehen, damit die Summe 7 wird? Kannst du von daher erklären, warum die mittleren Zahlen häufiger vorkommen?

Es gäbe noch viel zu forschen über dieses Thema, aber es wäre auf dieser Stufe noch zuviel verlangt, zu den theoretischen Grundlagen der Wahrscheinlichkeitsrechnung vorzustoßen. Würden wir Experiment 2.b) auf die Summe von drei, vier und noch mehr Würfeln erweitern, dann kämen wir (mit etwas fortgeschrittenerem mathematischem Hintergrund) bereits dem Geheimnis der Gauß-Verteilung auf die Spur...

Aufgabe A19: Freihändige Quadrat-Konstruktion

Ein Quadrat hat rechte Winkel und gleich lange Seiten. Es geht also darum, diese beiden Bedingungen durch reines Papierfalten zu erfüllen.

Ein rechter Winkel ist die Hälfte eines gestreckten Winkels (also einer geraden Linie). Eine gerade Linie kannst du natürlich durch einmaliges Falten erzeugen. Wie erhältst du daraus die Hälfte des gestreckten Winkels, also den rechten Winkel?

Die Seitenlänge des Quadrats kannst du frei wählen, solange es auf dem Papier Platz findet. Wenn du eine Seite definiert hast, wie erhältst du dann durch Falten eine andere, gleich lange Seite?

- Als Alternative kannst du auch gewisse Eigenschaften der *Diagonalen* verwerten und diese zuerst konstruieren.

Die Aufgabe schreibt nicht vor, dass *nur* die Seiten des Quadrats gefaltet werden dürften. Du darfst also unbeschränkt viele weitere "Hilfslinien" falten, die zur Konstruktion nötig sind. (Es sind gar nicht so viele notwendig.)

Zusätzliche Hinweise zu Kapitel B
Die Brücken von Königsberg

Aufgabe B2:
a) Wie viele Anfänge und Enden kann ein Spaziergang höchstens haben?

b) Woran liegt es, dass ein Landstück notwendigerweise ein "Anfang" oder ein "Ende" des Spaziergangs sein muss? Bzw. was für Eigenschaften müsste es haben, damit es *nicht* "Anfang" oder "Ende" sein müsste, sondern irgendein Punkt unterwegs sein könnte? – Zeichne einige Beispiele und untersuche sie.

Aufgabe B3:
Wenn du Aufgabe B2 gelöst hast, dann sollte diese Aufgabe keine Probleme mehr bereiten. Bei den Figuren musst du nur darauf achten, wo die Linie beginnen bzw. enden muss.

Aufgabe B4:
Auch diese Frage kannst du anhand der Antwort zu Aufgabe B2 beantworten. Was ändert sich an der Anzahl Brücken zu jedem Landstück, wenn eine zusätzliche Brücke gebaut wird? Und was hat das für Folgen für die Lösbarkeit des "Königsberger Problems"?
Übrigens wurde 1875 tatsächlich eine neue Brücke gebaut, und zwar von Ufer C direkt zu Ufer B. (Wurde dadurch das Problem lösbar?) Mehrere Brücken wurden jedoch im Zweiten Weltkrieg zerstört, und heute existieren nur noch fünf der ursprünglichen sieben.

Aufgabe B5:

Denke daran, dass jede Linie zwei Enden hat. Was bedeutet das für die Knoten, die sich in einer Figur bilden können?

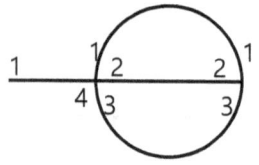

Berücksichtige dabei, dass ein "loses Ende" wie in der Figur links auch ein ungerader Knoten ist, denn es geht eine einzige Linie von ihm aus, und 1 ist eine ungerade Zahl. Diese Figur hat also zwei ungerade Knoten (und einen geraden).

Zusätzliche Hinweise zu Kapitel C
Erforsche die Multiplikation

Aufgabe C1: Die Zweierreihe

b) Die Antworten auf diese Fragen scheinen ziemlich klar zu sein. Dennoch handelt es sich im Wirklichkeit um tiefgehende mathematische Fragen. Wir haben ja bis jetzt die Zweierreihe erst in den ersten vier Zehnern beobachtet. Können wir daraus wirklich Schlüsse ziehen über Zahlen bis hundert, bis tausend, ja sogar über *unendlich viele* Zahlen? Nicht nur ein Kind könnte daran zweifeln. Auch ein Berufsmathematiker würde hier einen *Beweis* verlangen, dass sich die beobachteten Gesetzmäßigkeiten wirklich für alle Zahlen verallgemeinern lassen.

Auf dieser Stufe wäre es zu viel verlangt, einen solchen Beweis zu führen. Die Graphik mit den Ziffern im Kreis kann uns die Tatsache aber zumindest plausibel machen: Nachdem wir den ganzen Kreis umrundet haben und (bei 5 x 2) wieder bei Null angekommen sind, ist es logisch, dass nun das ganze wieder von vorne beginnt. Es werden also ständig die geraden Einerziffern durchlaufen, und so kommen die ungeraden nie vor.

Die zweite Frage – ob wir dabei auch wirklich bei *allen* Zahlen vorbeikommen, die z.b. mit 4 enden –, ist damit allerdings noch nicht beantwortet. Könnt ihr auch dafür eine einfache Begründung finden, die ein Kind verstehen kann?

Aufgabe C2: Die Dreierreihe

b) Wenn du es richtig gemacht hast, sollten in diesem Muster *alle* Ziffern von 0 bis 9 vorkommen. Eine "Dreierzahl" kann also mit *irgendeiner* Ziffer enden. Also z.b. eine Zahl, die mit 4 endet, kann ohne weiteres in der Dreierreihe vorkommen. (Suche ein Beispiel...) Sind aber *alle* Zahlen, die mit 4 enden, in der Dreierreihe? (Suche ein Gegenbeispiel...) – Wenn du also eine Zahl hast, die mit 4 endet, hilft dir diese Angabe oder nicht, um herauszufinden, ob diese Zahl in der Dreierreihe ist?

c) In den Fragen a) und b) haben wir verschiedene Eigenschaften der Zahlen in der Dreierreihe untersucht. Welche dieser Eigenschaften hilft dir wirklich, die "Dreierzahlen" von den übrigen Zahlen zu unterscheiden?

Aufgabe C4: Die Viererreihe

b) Hier begegnen wir wiederum einem wichtigen mathematischen Konzept.

Eine Aussage lautet: "Alle Zahlen der Viererreihe sind gerade." Das haben wir beobachtet, es ist offenbar wahr.

Eine andere Aussage lautet: "Alle geraden Zahlen sind in der Viererreihe." (Das ist die *Umkehrung* der vorherigen Aussage.) Ist das auch wahr? – Um das zu beantworten, kannst du entweder ein Gegenbeispiel suchen, oder das Schema bei Frage a) beobachten.

Achtung: Wenn eine Aussage wahr ist, braucht ihre Umkehrung deswegen noch nicht wahr zu sein!

Anmerkung: Zur Teilbarkeit durch 4 siehe Aufgabe A5.

Aufgabe C7: Die Sechserreihe

b) Die beiden Sterne sehen gleich aus, aber es gibt einen kleinen Unterschied: Die *Richtung*, in der sie durchlaufen werden, ist nicht gleich. In welcher Hinsicht könnte man sagen, die Sechserreihe sei "die Viererreihe rückwärts"?
Die Antwort hat mit unserer Zahlenschreibweise zu tun. Wir schreiben Zahlen nach einem System, das die Zahl 10 zur Grundlage hat. Die Antwort muss also irgendetwas mit der Zahl 10 zu tun haben.

Aufgabe C8: Das Assoziativgesetz

Anhand der Figuren mit Cuisenaire-Stäbchen kann die Verwandlung der Multiplikationen auch aus den Maßen des Rechtecks erklärt werden: Wenn ich ein Rechteck in ein anderes, gleich großes verwandeln möchte, und ich mache eine Seite doppelt so lang, dann muss die andere Seite halb so lang werden wie die ursprüngliche. Ebenso kann ich z.B. eine Seite durch 5 teilen und muss dann dafür die andere Seite mit 5 multiplizieren. Das ist vielleicht etwas einfacher zu verstehen als die Zahlenakrobatik mit dem Assoziativgesetz.

c) Einige dieser Multiplikationen können nicht in Multiplikationen aus der Tabelle verwandelt werden. Aber auch Multiplikationen mit Vielfachen von 10 sind "einfache" Multiplikationen!

Aufgabe C10: Die Siebnerreihe

a) Aufgabe C12 enthält eine Erklärung dieser "Experimente".

b) Siehe den Hinweis zur Aufgabe C7, Frage b.

Aufgabe C11: Gib 8, was die 8er-Reihe m8 !

b) Was für eine Operation gibt das im ganzen, wenn wir einen Zehner dazuzählen und zwei Einer wegzählen?

c) Du kannst das mit Cuisenaire-Stäbchen erklären: Zahlen aus der Achterreihe können wir mit lauter Achterstäbchen legen. Was geschieht also, wenn wir solche Zahlen miteinander zusammen-zählen oder voneinander wegzählen?

Aufgabe C14: Wir malen nochmals Multiplikationstabellen an

a), b) Untersuche nochmals Aufgabe C7, Frage b), und Aufgabe C10, Frage b). Die Symmetrien hier beruhen auf einem ähnlichen Grund.

c) Worin unterscheiden sich die farbigen Endziffern in den ersten beiden Tabellen von jenen in der dritten und vierten Tabelle? Haben wir darüber nicht schon einmal geforscht? (Aufgabe C9 ...)

Zusätzliche Hinweise zu Kapitel D
Die Figurenzahlen der Pythagoräer

Aufgabe D1: Rechtecke und Primzahlen

c) Untersuche die Zahlen, welche die *Länge* bzw. *Breite* dieser besonderen Rechtecke angeben. Inwiefern unterscheiden sie sich von den Längen bzw. Breiten jener Zahlen, die nur auf eine einzige Art als Rechteck dargestellt werden können?

d) Mittlerweile ist dir sicher klar, dass ein Rechteck eine Multiplikation darstellt. Es geht also darum, zu einer gegebenen Zahl eine Multiplikation zu finden, die diese Zahl zum Ergebnis hat. Wenn du nicht gleich eine findest, dann kannst du es mit "Multiplikation rückwärts" versuchen. Was wäre das für eine Operation?

*e) In Wirklichkeit ist das eine Frage, die auch heute noch manche Berufsmathematiker und Computerspezialisten beschäftigt; denn die bisher bekannten Methoden können immer noch verbessert werden. Wir hier geben uns aber damit zufrieden, eine Methode zu finden, die nichts als gewöhnliche Divisionen erfordert.

Übrigens: Die Länge und Breite unserer Rechtecke heißen auch *Teiler* der Rechteckszahlen, weil man sie durch diese Zahlen teilen kann. Z.B. können wir aus 15 Steinchen ein Rechteck von 3 mal 5 bilden. Dann sind 3 und 5 *Teiler* von 15, und 15 heißt *teilbar* durch 3 und durch 5. Wir werden hier nicht diese ganze Theorie durchgehen, aber wir werden diese Ausdrücke in den nachfolgenden Erklärungen brauchen.

Also: Unsere Aufgabe bedeutet, herauszufinden, ob eine bestimmte Zahl *Teiler* hat – abgesehen von 1, denn 1 ist immer ein Teiler. Das finden wir nur heraus, wenn wir die Zahl wirklich *teilen* – durch so viele Zahlen wie nötig – und untersuchen, ob es einen Rest gibt. (Außer bei jenen speziellen Teilern, für die wir besondere Teilbarkeitsregeln kennen.) Die Frage ist jetzt, mit welchen Teilern wir den Versuch wirklich machen müssen. Wenn wir z.B. wissen wollen, ob 151 eine Primzahl ist, müssen wir dann 151 durch alle Zahlen von 2 bis 150 teilen, bis wir sicher sein können? Oder können wir früher aufhören? Und müssen wir es wirklich mit *allen* Teilern bis zu dieser Obergrenze versuchen, oder können wir gewisse Teiler auslassen?

Um die Obergrenze zu finden, kann es dir helfen, nochmals deine Steinchen oder Holzwürfelchen hervorzunehmen. Versuche auf systematische Weise ein Rechteck aus z.B. 43 Steinchen zu bilden: zuerst mit einer Breite von 2 Steinchen, dann von 3, dann von 4, usw. Beobachte, was dabei mit dem Rechteck geschieht. Ab wann kannst du sicher sein, dass es nicht geht?

Wenn du herausfinden willst, ob du es schon vor dieser Obergrenze mit gewissen Teilern gar nicht versuchen musst, dann gibt dir vielleicht die Antwort auf Frage c) einen Hinweis.

Aufgabe D2: Quadratzahlen

b) Wenn du mit reiner Beobachtung nicht verstehst, was gemeint ist, dann nimm aus dem 5 x 5-Quadrat ein 4 x 4-Quadrat weg. Du siehst dann sofort, was für eine Figur übrigbleibt. Die alten Griechen nannten diese Figur "Gnomon". Wenn du die Anzahl Steinchen in jedem dieser "Gnomon" aufschreibst (also die Differenzen zwischen einer Quadratzahl und der jeweils nächsten), dann wirst du sofort sehen, dass es sich um die ungeraden Zahlen handelt. Deshalb wurden die ungeraden Zahlen auch "Gnomon-Zahlen" genannt.

Nun siehst du sicher auch, wie die Anzahl der Steinchen in einem Gnomon zusammenhängt mit der Seitenlänge des kleineren und des größeren Quadrats.

Mit dieser Beobachtung kannst du eine neue Art herausfinden, Quadratzahlen auszurechnen. Diese ist vor allem dann nützlich, wenn du mehrere aufeinanderfolgende Quadratzahlen ausrechnen musst. Wenn du z.B. schon weißt, wieviel das Quadrat von 100 ist, wieviel ist dann das Quadrat von 101? und das Quadrat von 99?

c) Beobachte unter anderem: Findest du Wiederholungen, Symmetrien? – Kommen alle Ziffern von 0 bis 9 als Endziffern vor? – Was folgt daraus für die Zahl 79468?

Aufgabe D3: Dreieckszahlen

a), b) Die Antworten auf diese beiden Fragen hängen zusammen. Solange du nicht einige fortgeschrittenere Eigenschaften kennst (Fragen e, f), kannst du eine Dreieckszahl gar nicht ausrechnen, ohne zuerst die vorhergehenden zu kennen.

c) Die Eigenschaften von Gerade und Ungerade lassen sich dadurch erklären, wie die Dreieckszahlen durch fortlaufende Addition der natürlichen Zahlen gebildet werden. (Untersuche diese Gesetzmäßigkeit!) – Du kannst selber weitere Eigenschaften suchen.

d) Schreibe die Summen als Folge auf: 1, 4, 9, ... Erinnert dich diese Folge an etwas Bekanntes? – Wenn du Steinchenfiguren legst, sei kreativ. Dreiecke können auch auf etwas andere Weise angeordnet werden als in der anfangs gezeigten Graphik.

e) Beobachte in erster Linie jene Dreieckszahlen, die man nur auf eine einzige Art als Multiplikation schreiben kann: 6, 10, 15, 21, 55, ... So kannst du vielleicht bereits eine Regelmäßigkeit sehen. Suche jetzt für die Zahlen 28, 36, 45, 66, ... jene Form der Multiplikation, die zu dieser Regelmäßigkeit passt.
Falls du nichts Sinnvolles findest, helfen dir vielleicht die Steinchenfiguren von Frage d), auf eine Antwort zu kommen. Sonst geh weiter zur Frage f).

*f) Falls du bei Frage e) eine wirklich durchgehende Regelmäßigkeit gefunden hast, dann hast du die Antwort eigentlich schon; du musst sie nur noch klar als "Rechenregel" formulieren. – Sonst lege nochmals Steinchenfiguren wie bei Frage d), aber nun jeweils für das *Doppelte* jeder Dreieckszahl. Beobachte gut!

Zum Abschluss eine kleine Geschichte:
Vor vielen Jahren gab ein Lehrer seinen kleinen Schülern eine Aufgabe, um sie während längerer Zeit ruhig zu halten: "Zählt alle Zahlen von 1 bis 100 zusammen!" – Der Lehrer staunte nicht schlecht, als schon nach wenigen Momenten ein Schüler vor seinem Pult stand und ihm die richtige Antwort brachte: 5050.

"Wie hast du das gemacht?" fragte der Lehrer. "Einfach", antwortete der kleine Junge. "Wenn ich 1 + 100 zusammenzähle, gibt es 101. 2 + 99 gibt ebenfalls 101. 3 + 98 auch. Ich fahre so weiter bis 50 + 51, dann habe ich 50 Summen, die alle 101 geben. Also 50 x 101 = 5050." Die Geschichte ist wahr, und jener Schüler wurde schon in jungem Alter ein bekannter Mathematiker. Sein Name war Carl Friedrich Gauß.

Du kannst jetzt selber herausfinden, was diese Geschichte mit den Dreieckszahlen und ihrer Errechnung zu tun hat.

Aufgabe D4: Weitere Figurenzahlen

a) Direkt die exakten Eigenschaften dieser Zahlen herauszufinden, ist vielleicht ein wenig kompliziert. Aber hast du bemerkt, dass die Fünfecke in gewisser Weise aus Dreiecken zusammengesetzt sind?

b) Hier ist alles deiner Kreativität überlassen!

Aufgabe D5: Dreidimensionale Figurenzahlen

a) Ein Stichwort, das schon fast alles sagt: Primfaktoren!

Zur Anzahl Teiler: Wie kannst du aus der Anzahl der Primfaktoren auf die Anzahl der Teiler schließen? – Wie viele Teiler hat demnach eine "Quaderzahl" *mindestens*? – Überlege, ob diese Mindestzahl für *alle* "Quaderzahlen" gilt, oder ob es evtl. Ausnahmen gibt.

b) Zu den Differenzen der Kubikzahlen usw. siehe Aufgabe F14.

c) Eine direkte Formel für die "Pyramidenzahlen" zu finden ist schwierig, wenn du nicht schon gute Algebrakenntnisse hast. Evtl. kannst du aber auch darauf kommen, wenn du eine "schlaue" Art und Weise findest, die Pyramidenzahlen in Faktoren zu zerlegen – so ähnlich, wie du es bei Aufgabe D3 mit den Dreieckszahlen gemacht hast.

d) Die "Tetraederzahlen" sind offenbar nahe verwandt mit den Dreieckszahlen. Vielleicht hilft dir diese Verwandtschaft, um einige ihrer Eigenschaften herauszufinden und vielleicht sogar eine direkte Formel zu finden.

Zusätzliche Hinweise zu Kapitel E
Das Dezimalsystem

Aufgabe E1:
Kannst du das Problem nicht sehen? Dann versuche einmal fünfundzwanzigtausendvierhundertsiebenundfünfzig auf diese griechische Weise zu schreiben.
(Die alten Griechen erfanden zwar Wege, auch Zahlen dieser Größenordnung zu schreiben; aber ihr System war weiterhin sehr umständlich.)

Aufgabe E2:
Offensichtlich ist III (römisch) nicht dieselbe Zahl wie 111. Was bedeutete das Aneinanderreihen von Zahlzeichen bei den Römern, und was bedeutete es bei den Indern?

Aufgabe E3:
Das ist eigentlich keine mathematische Frage, sondern eine sehr "menschliche". Du musst also nichts rechnen dazu, sondern nur dich selber gut anschauen ...

Aufgabe E4:
a) Da musst du nur gut hinschauen, nachdem du die Tabelle ausgefüllt hast!
b) Einer mal 10 = 1 · 10. Zehner mal 10 = 10 · 10. Usw. – Alles klar?
c) Nein, es ist nicht mal 20. Falls du auf dieses Ergebnis gekommen sein solltest, dann sieh die Zahlen nochmals gut an und überlege scharf. (Wir addieren nicht, wir multiplizieren!)
d) und **e)** solltest du anhand der Stellenwerttabelle jetzt ohne weitere Hilfe lösen können.

Aufgabe E5:
a) Was ist "Multiplikation rückwärts"? – Überlege an einem Beispiel: 4 x 5 = 20. Was für ein Operationszeichen müssen wir einsetzen, damit es rückwärts stimmt? 20   5 = 4

Aufgabe E6:
Du weißt ja schon, wie man z.b. schnell mit 100 multipliziert. Wie kannst du nun eine Multiplikation mit 300 in eine Multiplikation mit 100 verwandeln?

Aufgabe E8:
Hier musst du nur genau überlegen: Wo müssen wir beginnen, das Teilergebnis zu schreiben, wenn wir z.b. mit Tausendern multiplizieren? – Es gibt einen sicheren Weg (indem du auch die Multiplikationen mit Null aufschreibst), und einen schnellen Weg (indem du die Multiplikationen mit Null nicht aufschreibst – aber dann musst du genau über die Stellenwerte nachdenken). Du kannst es auf beide Arten versuchen.

Aufgabe E9:
Überlege für einige Quadrate: Welchen Stellenwert muss die darin befindliche Zahl haben? Wenn in einem bestimmten Quadrat z.b. Hunderter mit Zehnern multipliziert werden, was ist dann im Endergebnis der Stellenwert der Zahl in diesem Quadrat? – Wo befinden sich also z.b. alle Quadrate, die Hunderter enthalten?

Aufgabe E10: DIY = "Do it yourself" (Mach es selber) !

Aufgabe E11:

a) Ein Beispiel dafür hast du bereits in der obigen Tabelle. Zum Verständnis des Folgenden ist es aber besser, wenn du dein eigenes Beispiel mit mehr als nur zwei Ziffern machst.

b) Das sollte jetzt nicht mehr schwer sein, wenn du bedenkst, dass die Multiplikation die Umkehrung der Division ist.

c) Beachte, dass sich in Wirklichkeit nicht "das Komma verschiebt", sondern *die Ziffern* in der Stellenwerttabelle nach links bzw. rechts rücken.

Aufgabe E12: Multiplikation von Dezimalbrüchen mit mehrstelligen Zahlen

Vervollständige die folgende Tabelle:

	T	H	Z	E	1/10	1/100	1/1000	..
0,053 =								...

0,053 x 2 =								...
0,053 x 30 =								...
Zähle zusammen:								...

Weißt du noch, wie man in der Stellenwerttabelle schnell und einfach eine Zahl mit 10 oder mit 100 multiplizieren kann? – und somit auch mit 30? Sonst schau nochmals am Ende von Kapitel E nach.

Schreibe jetzt die Operation aus der obigen Tabelle in Ziffernschreibweise.

Stelle weitere eigene Beispiele auf und rechne sie.

Aufgabe E15: Multiplikation mit Dezimalbrüchen

d) Dieses Gesetz ist wichtig. Wenn du es nicht gefunden hast, dann beachte folgendes: Es besteht ein Zusammenhang zwischen der Zahl der Dezimalstellen im Dezimalbruch, und der Zahl der Nullen im Nenner des gewöhnlichen Bruchs. (Welcher?) – Woher aber kommen die Nullen im Nenner? Kannst du da sagen, wie viele es sein werden, ohne die Multiplikation auszuführen?

e) Wenn du alle diese Gesetzmäßigkeiten gefunden hast, dann ist es nicht mehr schwierig. Du kannst genau so multiplizieren, wie wenn es ganze Zahlen wären. Nur musst du am Schluss das Dezimalkomma an die richtige Stelle setzen. Dazu hilft dir die Beobachtung von Frage d).

Aufgabe E17: Division durch Dezimalbrüche

Brüche kann man erweitern oder kürzen. (Ich nehme an, du weißt, wie man das macht.) – Müssen wir die Zahl 0,01 größer oder kleiner machen, damit sie zu einer ganzen Zahl wird? Müssen wir also unseren Bruch kürzen oder erweitern? Mit wieviel?

Register

Aufgabennummern stehen in Klammern, wenn das entsprechende Thema in der Aufgabe nicht ausdrücklich erwähnt wird oder nur am Rand damit zu tun hat.

Ausführliches Inhaltsverzeichnis

www.ingramcontent.com/pod-product-compliance
Lightning Source LLC
Chambersburg PA
CBHW071313220526
45468CB00001B/357